What has been missing from
the food renaissance is a rigorous thinking-through of
why food matters and what our relationship to it should be.

JULIAN BAGGIN

——Autho

THE VIRTUES of THE TABLE

HOW TO EAT AND THINK

朱立安・巴吉尼——著　謝佩妏——譯

吃的美德

餐桌上的哲學思考

推薦序

一段瑰麗的思維旅程

葉怡蘭

近來讀得分外津津有味的一本書。主題是飲食，然強烈勾動的卻非饞涎，而是隨而不停萌生、迸發與流轉的意念與思緒。

二十三個有關食物或吃的問題。對我而言，雖說其中許多答案和結論，事實上在近年來全球飲食領域內的不斷反覆探討與辯論中，已然逐漸輪廓清晰；但此書最可貴是，作者在深入思考、追索與探究的同時，將這思索思辨的過程和脈絡，縝密細膩且優美地完整呈現眼前。

因之彷彿隨之走上了一段瑰麗的思維旅程，不僅讓我們再度正向面對了這些當代飲食的大哉問，也從中得到更多面向和角度的看法與啟發，獲益良多。

本文作者為知名飲食生活作家，《Yilan美食生活玩家》網站創辦人

推薦序

思考熟悉的事物，品味哲學的樂趣

冀劍制

哲學第一堂課：「哲學始於驚奇。哲學的形成，源自於對萬事萬物的好奇心，在『想知道』的欲望下，思考解答，因而形成哲學理論。」

當哲學老師在課堂上這麼說的時候，不知是否曾經有「白目」的學生，在「好奇想知道」的情緒下，問了一個（不知該不該問的）問題：「老師，那你的驚奇在哪裡？」

「我？我的驚奇在哪裡？」

有些人意外來到哲學系，渾渾噩噩一路走來，即使獲取博士學位，可能依然沒有什麼驚奇，也感覺不到任何樂趣。即使曾經有過，在學院式的訓練過程中，只想著如何寫好一篇被認同的畢業論文，熱情早已燃燒殆盡；就算還有剩，在升等壓力下，只能寫些能夠被學界主流認同的研究，無法投入自己有興趣的主題，最後的樂趣也將完全消失。

當然，偶爾也會有例外。老師的眼神可能突然被這個問題點燃，於是立刻跳過枯燥無聊的「哲學概論」，直接前往他正在摸索中的、無邊無界的思想世界，告訴你那個世界的奇幻美妙。當然，學生很可能一時之間進不了那個世界，但仍會被那股風采打動：「哲學竟然真能如此令人陶醉！」

哲學，本來就應該充滿樂趣。或者，更精確的說，無聊的理論根本就不應該成為哲學，因為哲學的起源正是對問題感到好奇、想知道，才開始思考與研究的。那麼，是什麼樣的因素，引導許多現代學者去研究那些連自己都沒興趣的問題呢？

現代學院的各種制度正逐漸扭轉哲學的本質，由各階段的思想霸權決定哪些研究是好的、壞的，而擁有決定權的，又往往無法真正體會哲思的樂趣，於是整個學界的發展方向便朝向枯燥瑣碎的問題鑽研，深入地底的黑暗世界，已經沒有多少人再被那個世界所吸引。讓人誤以為，這就是哲學的原貌。

當代天才型哲學家朱立安．巴吉尼樂於做自己，從事自己喜歡的研究，他的著作告訴我們，哲學與生活永遠息息相關，永遠充滿著樂趣，只要你願意在生活中觀察與思考，自然而然會出現各種好奇、想知道的情緒，於是好玩的哲學就會孕育而生。

「吃」，也可以是一個有深度、有趣味的思考。只要你願意拋開日常生活中膚淺的理解，尋找各種思想的裂縫，探頭瞧瞧，一個神奇有趣的世界就會呈現在眼前。於是，巴吉尼寫了這本書《吃的美德：餐桌上的哲學思考》。

本書從許多面向深入思索，包括食物的來源、食物的好壞標準，以及如何選擇食物才算是聰明的選擇。這裡面牽連到許多的問題與迷思，像是純手工製造真的比機器生產的食物還要好嗎？傳統古法真的贏過創新嗎？飯桌上的食物一定要吃光才是正確的嗎？或許有些人曾經想過這類問題，但多數人應該都沒有認真思考過。當我們藉由哲學的帶領，深入這些問題，做一場思想的探險之後，將會對日常生活吃的行為與想法帶來重大的改變。

舉例來說，當我們知道某些美食來自於某些動物的悲慘故事之後，我們還能安心享用嗎？就像肥鵝肝來自於強迫灌食的成果。當你知道後，是否會後悔曾經享用過這些美食？而在道德上，消費者是否也算是一種共犯？如果你不希望自己成了虐待動物的關係人之一，就得好好斟酌這些美食的來源了。

在這本書中，我們不僅可以讀到一些平時較少思考的問題，也可以增進我們對吃的文化的知識。例如，在台灣，大家重視的不外乎是「農藥檢驗」以及「有機」等食品營養與安全的認證。但透過這本書我們可以看到，在西方世界，人們對「有機」的重視程度已經下降，目光轉移到「良心認證」的標籤，像是這些食品是否屬於「永續」、「當季」、「在地」、「公平貿易」，以及符合「動物福利」。

在永續方面，考量的不僅牽涉食物殘留農藥量的健康問題，更重視農藥與化學肥料的使用是否過量到會危害土地。而「公平貿易」的標籤或許可以保障農人沒有被商人剝削。當食品加註了這些良心標籤，我們對吃的要求將不僅考慮到個人的健康，也考慮到自己是否在整個吃的文化背後那股邪惡勢力中，扮演幫凶的角色。

另外，在書中作者也對許多「健康常識」提出質疑。例如，針對飲食減鈉（減鹽）的全球趨勢來說，由於鹽會使血壓升高，而血壓升高容易引發心血管疾病，所以普遍認為吃鹽不好，應盡量少鹽。但是這樣的主張只是藉由單一證據來推理，作者則引用最新醫學研究，指出鈉在身體裡扮演著不可或缺的功能，當飲食少鈉之後，卻會導致身體的其他不良後果，而這些不良後果甚至也會導致心血管疾病。

也就是說，在台灣許多人認為「吃的越清淡越好」的觀念很可能是錯的。整體評估之後，作者的建議是，「除非屬於高危險群，否則不要大幅調整自己的飲食習慣。」

這種看了最新健康報導就大幅改變原有習慣的情況，在台灣很常見。只要有報導指出某類食物對某種健康有害，大家就幾乎不再碰它；相反的，只要報導指出某類食物對某種健康有利，大家就一窩蜂拚命攝取。這些都是錯誤的飲食方式。因為大多數的食物都可能在某些方面有害，但在其他方面是不可或缺的。大量攝取或完全不碰，都會導致健康的不良後果。

除了健康的思考，「吃」的行為也包含了許多值得深思的道德問題。例如，作者指出，當我們在飯店的自助式吃到飽早餐用餐時，能不能把剩下的麵包偷偷帶走呢？

事實上，就算不帶走，老闆也必須把它扔了，與其浪費食物，不如帶回去吃吧！這聽起來滿有道理的，至少從效益主義的角度來看，這樣能將食物的效益發揮到最大，而老闆幾乎沒有任何損失，何樂而不為呢？

然而，作者認為，這裡牽涉到的不僅僅是效益的問題，還包括個人人格的問題，這個行為有可能塑造一種貪小便宜的人格，對個人有很大的壞處。當然，如果這個行為不是源自於貪小便宜的心態，而純粹是為了不浪費食物，那考量就完全不同了。所以，評量自己的行為時，也需要檢視自己的心態；而更重要的，當我們評量別人的行為時，也不要只看他做了什麼，就胡亂冠上不良人格的罪名。

即使是一個日常生活中很簡單的「吃」的行為，在深入思考之後，會有許許多多有趣且值得深思的問題冒出來。

然而，或許仍然有人會說：「這些關於吃的問題有這麼重要嗎？吃就吃嘛！值得花時間作深度思考？有時間為什麼不多想想神是否存在？宇宙的起源？生命意義？以及知識的本質等更重要的問題呢？」

我不打算比較哪些問題更為重要，但引用作者的一段話，說明「吃」絕對值得我們深入思考：

如果我得在永遠不得閱讀、不得寫書，跟永遠不能跟家人朋友用餐之間選一個，我毫無疑問會放棄寫書……人在餐桌上是一種靈肉一體的動物，不只懂得滿足口腹之欲，也懂得感謝、充實內涵、與人分享、美學欣賞，以及客觀的判斷。人是結合了理智與情感的奇妙混和體，是一種會吃、會思考、會享樂的動物，而餐桌就是我們可以同時做這三件事的地方。

吃是一種享受、一種社交、一種審美、一種活著的喜悅，自然也可以是一種哲學。它絕對值得我們深入去了解、思考與品味。

近年來，無論是否在哲學系裡，似乎有越來越多人對哲學感興趣，但這些人心目中的哲學大多必須包含許多專有名詞，似乎學到越多專有名詞，就感覺自己越懂哲學，但實際上，那些並不是哲學重要的成分。

學習哲學，最重要的甚至不是要懂得任何哲學知識，而是要獲得一種能力，一種深度思考的能力。我們當然可以藉由閱讀艱深的哲學理論來獲取這個能力，但這個路線需要克服較多的障礙。一個比較簡單的方式，就是閱讀日常生活中的哲學思考，讓作者帶領我們，走向那個原本非常熟悉的領域，並指出許多我們從未意識到的問題，向內深入到一個值得反思的面向。在這樣的導覽中，我們逐漸摸索而學會在思想世界中獨自旅行的能力，進而成為一個活生生的哲學家。

總之，作為一篇推薦序，我提出三個閱讀此書的理由。第一，藉由日常生活熟悉的事物，學習哲學思考。第二，藉由作者的思考與提供的許多資料，深入了解吃的各種面向。第三，藉由更深入反思作者的觀點，提出質疑，並嘗試得出個人不同的主張，享受智慧的樂趣。只要滿足以上任何一個理由，就有閱讀的價值。若能同時滿足三個理由，那就是一場豐盛的閱讀饗宴了。

除了「吃的哲學」，希望未來有人可以開發「住的哲學」、「行的哲學」、「玩的哲學」、甚至「名牌包的哲學」。只要我們願意深入思考，都可以挖掘到許多有趣的觀點。哲學到了這種程度，自然會吸引更多的粉絲，也就不需要一大堆有志之士拚命去鼓吹哲學了。

研究自己感興趣的哲學，寫下心得與大眾分享，大概就是讓哲學普及化的最佳策略。希望有越來越多的人，像巴吉尼一樣，化身為享受思考的哲人，分享各種思想世界的奇幻旅程。

本文作者為華梵大學哲學系教授，著有《海賊王的哲學課》、《邏輯謬誤鑑識班》、《這樣想沒錯但也不對的40件事》、《臥底哲學家的生活事件調查簿》、《心靈風暴：當代西方意識哲學的概念革命》

目錄

目錄

第二部 烹調 Preparing

第三部 不要這樣吃 Not Eating

目錄

懂得如何吃，就是懂得如何生活。

——法國名廚埃斯科菲耶 Auguste Escoffier[1]

1 這是我想到的一句格言，但立刻又想到，這麼好的一句話不可能沒人說過。但我唯一找得到的前例來自名廚埃斯科菲耶，記載在Kenneth James執筆的*Escoffier: The King of Chefs* (Hambledon & London, 2002), p. 268，但未標明出處。此外，埃斯科菲耶想表達的意思跟我略有不同。在這之前他寫過兩本書，建議窮人怎麼吃才能吃得好又節省。在這個脈絡下，他這句話的意思是說，懂得如何吃（吃得經濟實惠），就表示懂得如何過活（維持生活）。而我的意思是，不懂得如何吃，就不可能懂得如何讓生活更充實。

前言

我們這個時代照理說應該是飲食的黃金時代。長久以來，一直跟瑣碎家務劃上等號的烹飪工作，成了揮灑創意的賞心樂事。熱鬧大街上的餐館水準日漸提高，真正的好餐廳也越來越多。營養學儘管尚未發展成熟，卻為我們勾勒出健康飲食的樣貌。不久前仍難以取得的異國食材，如今在超市輕易就可以找到。人道飼養且注重環保的農產品規模，也創下歷史新高。

然而，我們不免要擔心，以上種種會不會跟米其林美食殿堂餐桌上的蘆筍泡泡一樣虛幻？懷疑論者越來越常質疑這股飲食新風潮是否過了頭。史蒂芬・波勒（Steven Poole）那本妙語如珠的《人不如其食》（*You Aren't What You Eat*），書名本身就反映了這種反熱潮的思維。甚至連亞當・高普尼克（Adam Gopnik）這類嚴肅的飲食作家也苦口婆心地說：「吃什麼變成了時髦話題，怎麼吃卻變得微不足道。」[2] 追求最新最炫的食材、餐廳、飲食風潮、營養建議、食譜或廚房器具的同時，我們卻忘了（或者從來就不知道）一開始為什麼要這麼關心吃的問題。

2 Adam Gopnik, *The Table Comes First* (Quercus, 2011), p. 7.

這場飲食的復興運動百花齊放，獨獨漏掉了針對食物對我們的意義，以及我們與食物之間的關係，所做的全面性思考。少了這樣的思考，我們的飲食生活只會淪為一堆互相矛盾的流行、常識、偏見、道聽塗說、合理化口腹之欲的大雜燴。確實，這波新飲食文化就像是個東拼西湊的大拼盤：週末夜外帶晚餐，星期六早上逛農夫市集；晚餐吃在地出產的甜菜葉，隔天早餐喝昂貴的進口柳橙汁；吃斯佩耳特小麥做成的低ＧＩ（升醣指數）麵包，搭配高脂肪的手工起司。

本書目的是要提出一個既深且廣的飲食哲學，一種如何吃、如何喝、如何生活的論述，為目前的飲食大雜燴理出一些脈絡。這裡所謂的飲食哲學，並非硬邦邦的規定或準則，而是一種廣義的美德，泛指所有有助於提升生活品質的性格、習慣、特質、技巧或價值觀。有些定義不在我們熟悉的傳統美德之列，部分原因是我們的詞彙有限，例如鑑賞藝術的能力是一種美德，但我們並沒有用來指稱此種美德的專有名詞。

我想提倡吃的美德，而非吃的規則，因為規則太過死板，無法處理圍繞著食物而衍生出來的各種複雜問題，以及一般對美好生活的想像。況且，要是把明知道終究得打折或打破的規則當作行為的基礎，最後往往落得偽善或前後不一。相反的，美德原本就比較有彈性，能夠因應不同的狀況和時代的變遷而做出調整。更重要的是，美德也能賦予個人更多力量，不只是遵守他人制訂的準則，也要培養個人做出正確抉擇的能力。

本書的每一章都探討一個有關食物或吃的問題，以及相對應的美德。這些美德都互有關聯，而貫穿本書的主題是找出一種不違背完整自我的生活方式，包括身心靈三個層面。飲食並非了解身心靈如何合而為一的唯一一把鑰匙，卻是一把不用可惜的鑰匙，因為飲食包含了人性的各個層面：動物的、感官的、社會的、文化的、創造性的、情緒性的，以及（我希望本書能呈現在讀者面前的）知性的。若要認真思考飲食的問題，就必須思考人類與自然、人類與其他動物，以及人類彼此之間的關係，也要檢視我們是否心口如一、言行一致。再說，哲學論述很容易讓人如墮五里霧中，但食物能讓我們覺得踏實。沒有什麼比填飽肚子更基本的需求了，所以就算我們把飲食和哲學送作堆，也算不忘大衛・休姆（David Hume）的諄諄告誡：「置身在哲學的汪洋中，也別忘了以人為本。」[3]

第一部〈採集〉處理了當今有關飲食倫理的熱門議題，例如有機農業、永續發展和動物權。我把重點放在人與其他物種的關係。雖然都是耳熟能詳的議題，但我們需要比一般老掉牙的正反論辯更深入地探討這個問題。第二部〈烹調〉著重於我們如何建立自己的好壞及對錯判斷。第三部〈不要這樣吃〉和第四部〈好好地吃〉則回過頭來自我反

3 David Hume, *An Enquiry Concerning Human Understanding* (1748), Section 1, §4.

省，強調如何培養有助於聰明抉擇、提升生活、豐富自我的品格和習慣。

本書內容的安排是從倫理道德這類大哉問，轉向較冷門卻跟個人和日常生活更息息相關的問題，以及飲食方式如何塑造自我。倫理抉擇往往是一體兩面，相輔相成：美好的生活不只關乎提升自己的生活，也要有益於他人的生活。

為了提醒自己不要偏離實際，各章末都附上我對特定食物的看法，很多是以食譜的方式呈現。倘若如我所言，提升思考、提升生活和提升飲食是一體的多面，那麼這本書應該一本放廚房，一本放書房、床邊或客廳。

總的來說，本書可以說是為了回應「人是為了活著而吃，或是為了吃而活著？」這個古老問題所隱含的謬誤而寫的。食物既不是生活的工具，也不是最終目的。真要說來，食物應該是生活不可或缺的一部分，而過好生活，意味著能夠正確地給食物一個定位。假如你可以做到這一點，你就知道如何吃，你也知道如何生活。

第一部

採集

如果你不知道東西從哪裡來，你就不知道它是什麼。

一、勇於求知 Check it out

了解越多，選擇越自由

當初興起探討起司和康德哲學之間的關係這樣的念頭時，我還以為把兩者放在一起談，將會是史無前例的創舉。畢竟這可是《純粹理性批判》和《道德形上學基礎》的作者，跟伯森（Boursin）起司和莫札瑞拉（mozzarella）起司風馬牛不相干。沒想到康德跟起司早已結下不解之緣，而且可以說是孽緣。

根據康德的朋友及傳記作家華辛恩斯基（E. A. C. Wasianski）的說法，康德晚年的健康情況之所以惡化，就是因為嗜吃英國切達起司三明治之故。一八〇三年十月七日，康德吃了比平常還多的起司三明治。隔天早上外出散步時，他在路上昏倒，失去意識。另一個為康德立傳的作家曼弗烈・孔恩（Manfred Kuehn）指出，「吃下禁忌食物帶來的興奮感可能使他血壓上升，導致中風。」[4] 康德的健康從此一去不返，一八〇四年二月十一日便與世長辭，臨終前他說的最後一句話是：*Es is gut*（很好）。並不是說他的一生或留下的作品很好，而是讚美華辛恩斯基送來的麵包和酒很好。

4 Manfred Kuehn, *Kant: A Biography* (Cambridge University Press, 2001), p. 420.

起司、麵包和酒這三種最基本的食物，在歷史上最偉大的哲學家生前最後幾天扮演如此重要的角色，著實耐人尋味。即使像康德這樣的思想家，碰到食物也馬上就從雲端掉回地面。因此，不以恆久的哲學難題或棘手的道德困境來呈現康德最重要的哲學概念，轉而選擇簡單樸實的起司，或許才是向他致敬的最佳方式。

康德那篇有名的〈何謂啟蒙？〉一開始是這麼說的：

> 啟蒙就是脫離自我招致的不成熟狀態。不成熟狀態即不經由他人的指導，就無法運用自己的理智。假如不成熟並非因為缺乏理智，而在於缺乏不靠他人的指導去使用理智的決心和勇氣，那麼這種不成熟狀態就是自己造成的。勇於求知吧！因此，「勇於運用自己的理智」便是啟蒙運動的格言。[5]

若你以為這句格言只適用於嚴肅的學術研究，那你就錯了。啟蒙運動要求「在各種事務上公開運用理智的自由」。康德以「指示我飲食的醫師」為例，說明人對權威的盲從和依賴。遵從醫囑就表示，「不需要麻煩自己，不需要思考，我只要付錢，別人就會幫我做好所有的麻煩事。」

而飲食是我們在日常生活中未能勇於求知的一個例子。多數時候我們並不知道自己

5 Immanuel Kant, 'An Answer to the Question: What is Enlightenment?' (1784).

買的食物從哪裡來、是否為永續農業生產、生產者能否以此溫飽。你可能會反駁說，這些問題你都問過了。但為了找出答案你做過多少努力？即便我們購物時精挑細選，大多時候還是得仰賴名氣、馬路消息，或者諸如有機、自由放養、原產地名稱保護制度（Protected Designation of Origin, PDO）、素食學會認證等等的保證來選擇商品。

認識你吃下肚的食物

起司就是一個透過勇於求知確實有助於打開眼界的好例子。假如你在意動物權，你會買什麼樣的起司？純素起司嗎？那就表示你買的起司不含動物性的凝乳酵素；凝乳酵素是讓起司凝固的必要成分，而動物性的凝乳酵素要從小牛的胃膜中取得，那只占小牛整個胃的一小部分。但就算如此，我們還是無從得知生產起司原料牛奶的乳牛，牠們的動物福利是否獲得保障。當然你也可以買有機起司，不過後面我們就會談到，目前或許已經有動物保護和環境保護的基本規定，卻仍有待改進。

歐盟的PDO制度或許是依賴標章可能會誤導判斷的一個有趣實例。一般人以為該制度存在的目的，是要確保經過認證的產品是以傳統方式在當地製造的，連原料也是。然而，事實並非如此。走訪倫敦的尼爾牧場時，在那裡購買起司的布隆溫・派西佛

(Bronwen Percival)告訴我：「相較於保護傳統，一九九二年上路的PDO法案更有利於大企業，尤其在北歐。」

以佩克里諾(pacorino romano)羊乳起司為例。這是古羅馬人流傳下來的一種起司，根據PDO的定義，是「百分之百用新鮮全脂綿羊奶製成的熟成硬質起司」。產地當然也是一大重點，所以「羊奶的生產、起司的製作與熟成、標記作業等等，都必須在下列地區完成」，即薩丁尼亞島、拉吉歐(Lazio)及格羅塞托省(Grosseto)。雖然規章中明訂起司該有的大小、形狀、重量、最低含脂率、發酵與加熱的溫度、熟成的時間，卻對傳統製法隻字未提。這些規定反而有利於大規模製造佩克里諾起司，因為嚴格管控溫度等條件在機械化的無菌環境中較容易達成。但派西佛說：「大並不一定就不好，這點很重要。」他提醒我們「『工業化』是個意義紛雜的詞」。然而，購買PDO認證的佩克里諾起司，顯然不保證你買到的是你以為的傳統起司。

那麼跟羅克福(Roquefort)起司和布里(Brie)起司一樣，也是從中世紀流傳下來的帕馬森(Parmigiano Reggiano)起司呢？[6] 它是用自由放牧的快樂乳牛擠出的牛奶製作的嗎？錯。事實上，按照規定，這些乳牛都得吃飼料，主要是乾草。這或許是生產高脂牛奶的一種傳統且必要的方式。話說回來，強迫灌食也是把鵝的肝臟養大以取得肥鵝肝的一種傳統且必要的方式，但並不表示我們就得接受這種作法。此外，有時候現代的

6 W. Higman, *How Food Made History* (Blackwell, 2012), p. 122.

飼養方式會跟傳統方式大相逕庭，「乳牛可能是以統一飼養的技術所餵養的，先把每日的飼料均勻混合再行餵食」。

布里斯托大學的蕙貝琪（Becky Whay）博士是動物福利和動物行為專家。自從參觀過帕馬森起司的產地之後，她就把該起司列入黑名單。因為在那裡她看見大批「零放牧」的牛群，當地酪農想盡辦法從飼料下手以生產真正的高脂牛奶。她發現那裡的乳牛有「嚴重的跛腳問題」，而牛吃的飼料（切短、低纖的紫苜蓿）使牠們無法正常反芻，無法「像正常乳牛那樣吐出食物，嚼一嚼再吞回胃裡」。

簡單來說，如果你想知道你買的起司的品質如何和來源，你就不能單憑別人的說法，或參考標章判斷了事。除非確切了解認證制度的標準，不然永遠都有被誤導的危險。再來看另一個例子。《良心消費》（*Ethical Consumer*）雜誌定期為不同產品評分，所以你可能會認為分數高的產品比較有良心。當然了，良心沒有一定的公式，所以《良心消費》的評比標準可能跟你的不一樣，甚至互相牴觸。例如，涉及核能的公司會被扣分，即使該雜誌承認環保團體對此議題「意見分歧」。此外，沒有採有機耕作的農場都被歸為不合乎道德的。[7]

勇於求知吧！這麼做甚至不需要多麼勇敢，只要多花一點時間求證就行了。再說，了解更多確實會讓人更珍惜自己吃下肚的食物。托摩頓是西約克郡的一個小鎮，鎮上居

7 *Ethical Consumer*'s Ratings Information factsheet, www.ethicalconsumer.org/Portals/0/Downloads/categoriesA4.pdf

民在當地市場買肉，卻不知道自己買的肉多半來自周圍的山地。當名為「托摩頓食食在在」（Incredible Edible Todmorden）的團體發送黑板給肉販，讓他們寫下產地在三十哩內的肉品之後，好奇詢問的人便越來越多。

優質速食集團Leon的亨利・丁保畢（Henry Dimbleby）告訴我們的故事更驚人。有陣子他們的「營養沙拉」中的某些進口食材價格飆漲。由於無法吸收龐大的成本，店內便貼出告示，「說明西班牙遭受嚴重霜害，因此蔬菜價格這幾週會居高不下，要等英國作物補足才會回穩。因此我們把沙拉的價格提高一英鎊，結果不只沙拉的銷量提高，顧客也意外地被連結進來。大家都喜歡知識共享的感覺。」

你當然不可能知道吃下肚的每樣食物的來源，但知道的越多，資訊越豐富，選擇就更自由。然而，主動求知並不代表完全不用依賴他人。知識的取得是社會的、集體的活動，同時也是個人的活動。罔顧他人提出的論據就妄下結論，絕對稱不上是一種美德。個人的時間有限，不可能上窮碧落下黃泉，找到每樣東西的源頭，我們勢必得求助於書籍、紀錄、文章、演說或多媒體平台，從中找出重要的資訊和論點加以整合和評估。我們要避免的是不加思索地接收資訊，或消極地接受某些標準。這類粗糙的道德準則很容易在我們未能停下來檢視事實時，就讓我們誤以為自己做了正確的選擇。

由此可見，勇於求知並不是在自己的小泡泡裡上下求索，也不是聽到什麼就相信什麼。我們相信並接受的觀念，通常不單是個人思考的產物，也不完全是他人的見解。每個人起碼都必須參考某些專業知識才能做出判斷。舉例來說，假如我對動物福利有興趣，那麼獸醫學家肯定懂得比我多。回到康德的例子，康德可能就是因為不聽從醫師的專業建議，才會攝取過量的起司，導致健康惡化。

勇於求知也包括勇於承認自己的無知，以及勇於接受我們堅信不移的事實或許根本不是事實。在接下來幾章，深入永續、有機、當季、在地生產等等飲食新主流背後的事實以後，我們就會發現問題可不像表面看起來那麼簡單。

起司拼盤

十九世紀早期的法國美食大作家布利亞．薩瓦雷（Brillat-Savarin）曾說：「沒有起司畫龍點睛的晚餐，就像少了一隻眼睛的美女。」[8]這句話雖有誇大之嫌，但隱含了深刻的意義。所以我就野人獻曝，提供一份我認為值得深入了解的英國起司名單。

蕊秋起司（Rachel）：索美塞特郡（Somerset）的白湖起司公司（White Lake

8 Jean Anthelme Brillat-Savarin, The Physiology of Taste (Vintage Classics, 2011), p. 16.

Cheeses）所製。這款起司是口感細緻、半軟半硬的山羊奶起司，但不像一般想像的山羊奶起司味道那麼重。我實地走訪了農場，見到製作起司的人，也看到了山羊。雖然羊群不像你我想像中那樣徜徉在山坡上，但看到牠們都受到良好的照顧，起司製造過程也四平八穩，我已經心滿意足。

曼徹格起司（Manchego）：這是用曼徹格綿羊奶做成的羊奶起司。這種綿羊並沒有密集飼養，可以確定動物福利不成問題。不確定的是，PDO認證的曼徹格起司是不是就有品質保證？超市買到的通常都令人失望，味如嚼蠟。品質好的曼徹格起司應該味道強烈鮮明，帶有鹹味和堅果味。

拉維斯托克農場的莫札瑞拉起司（Laverstoke Park mozzarella）：用水牛奶製作、產自南義大利的坎帕尼亞（Campania），才算是真正的莫札瑞拉起司。莫札瑞拉是新鮮未熟成的起司，越新鮮越好。如果你住在英國，不妨也試試這個口感滑嫩的牌子，他們的水牛都是在漢普郡的歐文頓村（Overton）戶外有機放養。

康瓦耳雅格起司（Cornish Yarg）：初嚐這款包在蕁麻葉裡熟成、帶著草香的美味硬質乳牛奶起司時，我以為叫這種名字（可以想像英格蘭西南部農夫的發音）的起司應該是傳統起司。沒想到它是一九八〇年代由格雷夫婦（Alan and Jenny Gray）發明的新起司，把他們的姓氏倒過來拼就是這款起司的名稱。這證明了一件事：以傳統方式用心製作的新起司，好過用機械化方式粗製濫造的傳統起司。

史第奇頓起司（Stichelton）：起司拼盤少不了藍紋起司，雖然說藍紋起司在英國只占起司總銷量的百分之二，而且光是聖誕節賣出的斯蒂爾頓（Stilton）藍紋起司就占了一大半。[9] 史第奇頓起司的味道跟過去用生乳製作的斯蒂爾頓起司差不多。除了史第奇頓，英國也有其他出色的手工藍紋起司，包括多塞特（Dorset）藍紋起司、巴斯（Bath）藍紋起司、施洛普（Shropshire）藍紋起司。每種都像不同起司的集合體，不同部位各帶著甜味、鹹味、柔軟的口感，還有藍黴本身的金屬嗆味。

林肯郡越界者起司（Lincolnshire Poacher）：切達起司已經成了英國傳統硬質起司的統稱。目前唯一仍在切達村製造的切達起司雖然不賴，但味道最好的通常沒冠上「切達」兩字。你幾乎可以在這款用生乳製作的起司裡嚐到牧草的味道，它結合了諸如孔泰起司（Comté）之類的歐陸高山起司以及傳統切達起司的風味。如果真的找不到，柯克漢太太的蘭開郡起司（Mrs Kirkham's Lancashire）也是另一種美味的選擇，它嚐起來味道強烈，有點嗆又不會太嗆。

9 *The Food Programme*, 'British Blue Cheese', BBC Radio Four (7 Octorber 2012).

二、自給不自足 Be self-insufficient

互相依賴讓我們更強大

「你的焦土政策進行得如何？」農地出租專員問我。問題聽起來像在說笑，策略本身卻是絕望的產物。二〇一二年的夏天是英格蘭有史以來最多雨的夏天，在這一年耕種更是惡夢一場。小麥收成量掉了將近百分之十五，蘋果產量更掉了四分之一以上。[10]全職農夫叫苦連天，連經驗老道的都市農夫也抱怨產量少得可憐。

那是我們在自家小後院自耕自食的第四年，卻是我們第一次在租來的菜園裡小試身手。撥劃土地供人民耕種在英國已有數百年的歷史，但現代農地租用政策是在一九〇八年小面積土地分配法案（Small Holdings and Allotments Act 1908）通過之後才奠立的。該法案規定地方政府必須「撥劃小面積土地給有意購買或承租空地自耕的人民」，就如同一八三二年的土地分配法（Allotments Act of 1832），目的都是促進「窮人的福利與福祉」，當時這些土地大多是種植用來製成燃料的草皮和木材。過去撥地的對象主要是勞工階級，近年來中產階級也發現了這項資源，某些地區的排隊名單甚至比貴族學校的名

10 小麥的數據來自National Farmer's Union。蘋果的數據來自English Apples and Pears Ltd，載於'Wet Weather Set to Hit UK Food Prices', BBC News Online (12 October 2012), www.bbc.co.uk/news/uk-19890250

單還長，平均下來得等上四年，我們也是排了四年多才租到地。

不過跟無所不在的雜草比起來，多雨的天氣只是小意思。我們好不容易才把雜草逼退，但它捲土重來之後又變本加厲。最後我們只好在土壤上蓋一層黑色塑膠布，這樣雜草就曬不到太陽，只希望它明年就算又長回來了，也不至於一發不可收拾。

誰都不該抱著「耕種很簡單」的幻想。果真如此，飢荒幾千年前早該絕跡才對。耕種是一場跟氣候、病蟲害和雜草的無止盡戰爭。儘管如此，還是有不少理由值得自己耕作一小塊地。很多人認為這是從都市生活中解脫的好方法，可以遠離塵囂，走出鋼筋水泥牆，跟大自然接觸。不少人會想到「療癒」這個詞，有時它確實就是那個意思。現在還有為學習障礙者、獨居老人或憂鬱症患者設計的「園藝治療課程」，成效頗佳。

然而，有個跟租地自耕連在一起的概念，在我看來卻是完全搞錯了方向，那就是自給自足。自給自足一直是租地自耕的一大誘因，尤其在這個動盪不安的世界。理想狀況是靠自己種的作物就能自足，多的說不定還能跟附近的人交換。退而求其次，則是靠著自己和當地人種植的作物就能自足。最好是全國都能自給自足，也就是說，不需仰賴進口就能讓人民吃飽。顯然自給自足讓人覺得更安全，不那麼依賴他人，也更具彈性。但這是個錯誤的認知。讓我們變得更強大的不是自給自足，而是互相依賴。

租地自耕更顯互相依賴

拿租地自耕來看最清楚。租地自耕是一種政府制度，中央委託地方政府將公有地劃分成可供個人耕種的小塊農地。農地租用者再自組委員會管理這些土地，因此個人的耕作成績好壞與否，很大一部分要看管理委員會的效率。很多事都得靠眾人之力才能完成，比方架設水槽、運送木屑鋪設小徑、建造堆肥廁所等等。農地租用者無法單靠自己的力量，一定得大量倚賴同好的幫助。

除了檯面上的協調互動，檯面下的互助合作更是多不勝數。大家會幫出遠門的同好澆水、照顧菜園，彼此分享多出的收成和種子，當然也樂意分享自己的經驗、技術和工具。租地自耕不只是講究實效的非正式經濟，同時也是一種特殊的社交場合。不出幾週，我們叫得出名字的租地自耕者已經超過同條街上當了五年的鄰居。而且大家的互動更加平等，通常第一個問題不是「你做哪一行」，因為沾滿泥巴的破舊衣服掩去了社會階級的種種線索。這大概是除了醫院之外，少數人與人之間不問社會背景而互相交流的公共空間。

接下來的問題是，自己耕種需要準備哪些東西？跟連鎖店或當地農夫買糞肥；添購八成是中國製而非本國製的工具和小屋；上網訂在波蘭印製、由亞馬遜書店配送的參考書籍。其中一個不可告人的祕密是：自耕自食不但跟簡約生活相去甚遠，而且每年的花費經常超過收成的所得。說穿了，買進的其實比產出的還多。

最後，作物本身也是個問題。少了美洲來的馬鈴薯和番茄、荷蘭來的紅蘿蔔、伊朗來的菠菜、羅馬來的防風草和其他外來的作物，現代的租地自耕看起來就不是這會兒的模樣。

整體看來，租地自耕顯然是我們透過複雜的社會歷史網絡，跟通常遠在他方的人們互相依賴的最佳例子。這提醒我們，人唯有互相依賴才能填飽肚子；人類這個物種之所以如此興盛和多產，社交往來和互通有無都是不可或缺的要素。我們應該因為這些連結實現了自耕自食的理想而高興，而不是欺騙自己這都是個人努力的成果。

要推翻對狹隘的自給自足的狂熱，在公領域比私領域更顯迫切。目前當道的飲食黃金三律是：當季、有機、在地；其中又以在地為第一考量。美國最近有個研究發現，過半數的消費者相信買在地農產比有機農產更重要。[11]

買在地農產好處多多，一流廚師比誰都清楚。斯德哥爾摩的米其林二星餐廳法蘭岑／林德堡（Frantzén/Lindeberg）就在二〇一一年時傲稱，他們的食材有百分之九十五都來自瑞典本土。我去拜訪主廚比優．法蘭岑（Björn Frantzén）時，他說自然農法種植、有機、在地生產的食材通常品質較好，因為未經冷凍、儲藏和運送，所以更新鮮。然而，

11 Mintel市場調查公司新聞稿 (21 March 2012), www.mintel.com/press-center/press-release/841/local-produce-edging-out-organic-in-importance-among-consumers

並非所有食材都是如此，因此二〇一二年法蘭岑才會在推特上改口說：「就食材來說，這問題扯遠了。重點**不是**食材從哪裡來，而是嚐起來的**味道**。」

拿瑞典松露來說好了。「瑞典松露遠遠比不上阿爾巴（Alba）松露，更比不上短短兩週就能送達的頂級澳洲松露，也比不上法國佩里格（Périgord）的冬季松露，」他這麼告訴我。同樣的，英國廚房有了地中海來的橄欖油、中東來的椰棗、中美洲來的可可、巴西來的咖啡和印度來的茶葉，才更加多采多姿。餐廳的供應商查理・希克斯（Charlie Hicks）說：「誠實的廚師會告訴你：『品質第一，在地第二。』這番灌頂之言是我在一家賞心悅目的莊園飯店裡聽到的，那家飯店有自己的菜園，園裡種了很多好東西。」他還在那裡聽到一句話：「在地生產不是交出爛東西的藉口。」

沒錯，在地生產通常表示東西更新鮮、更美味，但並非百分百。在地生產也不一定就更環保。「食物里程數」這個概念近來頗受矚目，很多商家都會宣傳自家賣的產品從農場到賣場的里程有多短，但這不一定就是比較環保的指標。舉兩個例子。倫敦的農產品大多是外來的，距離最近的馬鈴薯產地在埃塞克斯郡（Essex），但那裡的馬鈴薯產量遠比林肯郡的產量低；後者原本就是馬鈴薯的主要產地。所以當你計算一袋馬鈴薯的碳足跡總量時，若把土地面積、所需糞肥和肥料、收割及運送的能源耗費量考慮進去，就會發現離倫敦較遠的林肯郡出產的馬鈴薯，竟然比距離較近的埃塞克斯馬鈴薯更環保。

一個更極端的例子是紐西蘭奶油。紐西蘭離大多數國家都千萬哩遠，近年來他們的出口貿易也因為這股「在地熱」而飽受威脅。所以當林肯大學研究團隊發現，「英國每生產一公噸奶粉就會排放二九二一公斤的二氧化碳，而紐西蘭只有一四二三公斤（包含送往英國的運輸過程）」，[12] 對紐西蘭自然是一大鼓舞。紐西蘭一年四季都適合戶外放牧，這表示奶油和羔羊肉在生產過程中的碳排放量相對較少。此外，貨櫃船是目前最有效率的運輸方式。研究指出，「一艘貨櫃船從中國駛往歐洲的二氧化碳排放量，相當於長途大貨車在歐陸跑兩百公里的排放量。」因此，一瓶從法國馬賽運往紐約餐廳的法國紅酒，可能比從加州送到紐約同一家餐廳的加州紅酒，碳足跡更少。[13] 而英國人買的紐西蘭奶油的碳足跡也可能比英國本土製造的奶油更少。

所以在地生產不一定就比較美味或環保。那會不會讓一個地區更自給自足呢？我住在布里斯托（Bristol），這裡「在地熱」正夯，自給自足更是推廣在地農產的響亮口號。當地政府加入布里斯托食物政策委員會並頒布「糧食規章」，十個目標中有一個是「盡可能就近取得農產，滿足糧食需求，讓城市更有保障」。[14] 然而，盡可能就近取得農產並不會讓一個城市更強韌，反而是變得脆弱。從古至今，世界各地都發生過當地作物歉收，又無法從外地進口糧食而導致飢荒的例子。二〇一二年在英國發生的事件，也是過度依賴本土農產而發出的一記警鐘。那一年英國小麥歉收，食品公司 Premier Foods 被

12 Caroline Saunders, Andrew Barber and Greg Taylor, 'Food Miles – Comparative Energy/Emissions Performance of New Zealand's Agriculture Industry', Agribusiness and Economics Research Unit (AERU) Research Report No. 285 (July 2006), www.lincoln.ac.nz/Documents/2328_RR285_s13389.pdf

13 World Shipping Council, www.worldshipping.org/benefits-of-linershipping/low-environmnetal-impact

14 Bristol Food Charter, www.bristol.gov.uk/sites/default/files/documents/environment/environmental_health/Food%20Charter.pdf

迫放棄以本土麵粉製作麵包的保證。可見同時有多條供應線（長短線兼備）的糧食體制，才能讓我們一年四季都吃得好，無論老天賞不賞飯吃。

在地，但不應落入狹隘的心態

能夠從事貿易、互通有無，甚至是跨海交易，對所有人都有好處。貿易能讓人專注於自己擅長的事，達至一切都親力親為的時代無法做到的規模經濟。由一個人負責烤全村的麵包，其他人才有餘裕生產村裡所需的其他東西。在格拉納達的卡司特德費羅村（Castell de Ferro），漁夫只負責捕魚，山上的農夫只負責種杏仁。沒必要叫農夫花錢買船去捕魚，或叫漁夫去種杏仁，雙方只要互通有無就兩者都不缺。除了人類，沒有其他動物有這麼精密的勞動分工和交易制度，這就是人之異於禽獸的原因，因為我們是交易人（*Homo cambiens*）。

這是個顯而易見的道理，不過「在地熱」卻引發各種極端作法。現在只要有錢就能買到康瓦耳郡（Cornwall）產的茶葉，這算是一個不小的成就，而且這款茶說不定風味獨特，值得一嚐。可是其他地方明明更適合種茶，卻硬要在英國種各種茶，就是捨本逐末了。同理，只要有足夠的人造光和熱，說不定就能在英國種咖啡或可可，但這種方法並不明智。我們應該把英國土地保留給更適合在這塊土地上生長的動植物。

在最理想的情況下，貿易還能拉近人與人之間的距離。西方文明的重鎮一向都是貿易中心，這點絕非巧合。各國人士在貿易中心進進出出，例如西元前五世紀的雅典，十四、十五世紀的威尼斯，十七世紀的阿姆斯特丹，還有今日的倫敦、紐約和東京。人在交易商品的同時，也交換了想法和經驗。貿易可以說是人類文明的搖籃。而交易雙方履行合約則需要彼此的信任，還有穩固的國家體制。

那麼，自給自足才更有保障的想法，為什麼還是如此吸引人？其中一個原因說來可悲。我們已經走到信任大自然勝於信任人類的階段，害怕外邦無端切斷供應的恐懼，大過於天災影響收成的恐懼。大力鼓吹本土農產的都市人忘了大自然多麼難以捉摸，租地自耕應該能讓他們看清這個事實，可惜玩票性質的都市農夫跟賭徒一樣，往往只記得贏錢的風光，卻忘了輸錢的狼狽。拿我自己來說，二〇一二年我們收成最多的應該是覆盆子。走進超市，看見一小籃覆盆子要價三英鎊，賣相甚至比不上我們當天早上（幾週以來都是如此）現摘的滿滿一籃覆盆子，確實很有成就感。大自然的物產多麼豐富啊！我們只顧著讚嘆，完全把乾癟瘦小、永遠長不大的豆子和番茄忘在一旁。相信自然會源源不絕供應人類食物的人，肯定不夠了解自然。另一方面，我們並不需要相信人性，才有把握另一方會履行合約，畢竟商人只要失去信用就沒戲唱了。

對仰賴陌生人的恐懼，指出了這波新本土主義（new localism）在政治和意識型態上的漏洞。不久前，自認為思想進步的人士都支持國際化。例如，很多人都喜歡歐洲單一貨幣的概念，因為它象徵了歐洲各國的團結合一，即使實際上它是個經濟上的錯誤。然而，現在的進步者更可能支持地區貨幣，好比到了隔壁村就無法使用的布里斯托英鎊。他們高喊「咱的城市，咱的貨幣」這樣的口號，跟喜劇影集《紳士聯盟》（*The League of Gentlemen*）裡的古怪店主老愛掛在嘴邊的那句「這是一間為本地人開的本地商店」遙相呼應。過去被斥為心胸狹隘的觀念，現在卻被捧上了天，變成一種驕傲。哲學家彼得・辛格（Peter Singer）及其共同作者吉姆・梅森（Jim Mason）則認為，「一味追求『購買在地農產』，不顧對他人造成的影響，其實是社群自私心態在作祟。」[15]

將在地生產所面臨的風險理想化，無形中建立了一種把人侷限於本土文化的狹隘心態。從這波糧食自主運動中也可嗅到這種傾向。糧食自主運動的定義如下：「糧食自主即人擁有取得以環保及永續方式生產、且具**文化正當性**的健康糧食的權利，以及選擇食物及農業體系的權利。」[16]定義本身令人讚賞，但多了五個贅字（我自行加粗的部分）。人當然有權利取得在地生產的糧食，但不是因為它具有「文化正當性」。這種說法跟「香蕉是給非洲人吃的」、「蘋果是給英國人吃的」相差無幾，都明顯帶有種族主義色彩。我們不該忘記，歷史上最大力鼓吹糧食自給自足的人，往往是最醜陋的民族主義者，要人

15 Peter Singer and Jim Mason, *Eating* (Arrow, 2006), p. 141.

16 'Declaration of Nyéléni' Sélingué, Mali (27 February 2007), www.nyeleni.org/spip.php?article290, 重刊於 Food Sovereignty Now 網站，http://foodsovereigntynow.org.uk/foodsov/

民停留在原地或回到過去。墨索里尼就是一個例子，他提高小麥關稅，鼓勵義大利人只吃國產小麥。[17] 這麼說當然不是要把本土主義跟法西斯主義劃上等號，只是要指出，有利發展的本土驕傲，跟有害發展、製造衝突的民族主義，往往只有一線之隔。

從在地到在地

我認為結合新本土主義和往日高喊的國際主義的優點，才是王道。這個建議早已有人提出，那就是慢食運動的發起人卡羅．佩屈尼（Carlo Petrini）。他提出「合乎道德的全球化」，透過貿易和交換跟廣大的世界搭起橋樑，藉此鞏固並延續地方的傳統。[18]

全球化的真正問題，跟貿易對象離我們是遠是近無關。當前的危機是貿易去人格化，所有產品和製造者都簡化為商品。二〇〇八年的金融危機即為最嚴重的一次症狀。金融市場跟販賣實際商品的人毫無實質上的關係，有時分析數據的電腦程式甚至是在交易根本還不存在的東西。我們可以說這就是股市和房市泡沫化的原因——交易價值和實際價值已經分道揚鑣。[19] 其中有一部分是因為交易人蛻化成了眼中只有金錢利益的經濟人（*Homo economicus*）。

這並不是說，所有貿易都應該維持在比較人性化的規模。像汽車或電腦這類產品，

17 John Dickie, *Delizia!* (Sceptre, 2008), p. 266.

18 見 Geoff Andrews, *The Slow Food Story* (Pluto Press, 2008), Chapter 8。

19 在 *The Locust and the Bee* (Princeton University Press, 2013), p. 37, Geoff Mulgan 認為「資本主義的弱點多半源於實際價值跟表面價值之間的關係太過薄弱」。

就不適合走小規模的工藝路線。但要是去人格化的企業控制了所有商業領域，「人味」勢必會變得淡薄，人會越來越覺得自己像是經濟機器裡的小齒輪。

我認為這波「在地熱」多少是想重新找回經濟生活中的人性層面，可惜卻誤解了問題的本質。重點不是食物是否**在地生產**，而是食物是否有清楚的**地方座標**。也就是說，食物是否來自一個我們能間接或直接給予尊重和公平對待的產地或生產者。所以假如其他條件一致，那麼購買肯亞某個管理有方的莊園種植的咖啡，會比購買面孔模糊的財團在英國本土企業化生產的牛奶，更符合消費倫理。我們想要的應該是支持人性規模的良心企業，不論在地或外地。

購買一件我們確知其產地的農產，無論產地多遠，就是對本土的支持。專門引進西班牙食品的某進口商說出了這樣的理想：「我們的產品來自歷史悠久、經驗豐富的小公司，這些在地生產者建立了一個出色而獨特的『從在地到在地』的聯網。」[20]換句話說，到聖約翰（St John）這家高級餐廳享用柯克漢太太的蘭開郡起司搭配英國傳統的埃克爾斯（Eccles）蛋糕的倫敦人，跟在蘭開郡當地購買同款起司的蘭開郡人，同樣都支持在地農產。拒絕跟外人分享在地引以為傲的農產，不免扭曲了「本土驕傲」的原意。

這也點出了「支持在地」跟「全球化」相容的一條路徑。公平貿易運動就是一個最好的例子，其目的是要確保發展中國家的生產者獲得更多的貿易保障。（這裡所說的公

20 Valsabor網站：www.valsabor.com.es

平貿易是指正式的認證制度，而非廣義的講究公平原則的貿易活動。）國際公平貿易組織主席哈麗葉・蘭珀（Harriet Lamb）以「沙漏經濟」（hourglass economy）來比喻目前的狀況。以咖啡為例，全世界數百萬、甚至數億人喝的咖啡，有八成是世界各地約兩千五百萬名小農生產的，但生產者和消費者之間的中間商只有一小群人。全球咖啡貿易有四成掌握在四家企業手中，有六成零售交易被五個國際品牌主宰。[21]全球化的問題不在於沙漏兩端的人互相交易，而是沙漏兩端是透過跨國的、姓名不詳、所在地不詳的中間商進行交易。總而言之，這些全球巨人捲走各地的產品，將其融合並製成整齊畫一的商品，抹除了原產地的地方特色。然而，若我們能把生產者與消費者之間的關係重新串連起來，那麼一般人對全球化感到的不安，將會被樂觀其成的正面態度取代。

「在地」通常跟「全球」對立，但「從在地到在地」卻傳達了一種跨越當地社群的貿易關係。因為如此，當慢食的英國分會主席凱薩琳・賈左里（Catherine Gazzoli，她本身是在地飲食傳統的強力支持者）為我準備一桌全由義大利食材做成的午餐時，我絲毫不覺得矛盾。裡頭有義大利聖丹尼（San Danile）的生火腿、帕馬森起司、費屋利（Friuli）來的Livio Felluga白酒、在杜林（Turin）的國際慢食「品嚐沙龍」上買的義大利餃，配上朋友帶來的拿波里番茄做成的紅醬。桌上只有她同事做的蛋糕是英國在地食物，但這頓飯十分符合我們理想中合乎道德的全球化，即擁有強烈在地傳統的交易產品。

21 這四家跨國大企業是 ECOM、Louis Dreyfus、Neumann及VOLCAFE，近年來 Olam 也加入了戰場。五大咖啡零售品牌是 Kraft、Nestlé、Sara Lee、Proctor & Gamble 及 Tchibo。見 'Fairtrade and Coffee' Commodity briefing (May 2012), Fairtrade Foundation www.fairtrade.org.uk/includes/documents/com_docs/2012/F/FT_Coffee_Report_May2012.pdf.

「在地」的真正價值，也可以從語言中獲得啟發。義大利人比較常說 *tipicalità* 這個字，而不是 *località*。一種食物如果是某地的特色，義大利人就會形容它是 *tipico*，這也是該食物的獨特價值，這樣的食物不用說一定很 *buono*（美味）。這樣形容一種食物的好處是，你可以在伯明罕吃到 *tipico* 的托斯卡尼燉豆，而不是在地的燉豆。*tipicalità* 是一種可以到處遊走的在地化。的確，一個米蘭人用曼徹斯特的優良食材做的義大利燉飯，要比在米蘭用微波爐加熱的現成燉飯更加在地。

自耕自食、支持在地農產的好處很多，但我們不該誤以為這就是自給自足的展現，反而要認知到，沒有其他人、其他地方和其他文化，我們就什麼也不是。因為互相依賴，所以勢必得打開大門、拓展視野，但為的不是被所謂的「全球資本主義」的同質力量吞沒，而是要跟千千萬萬跟我們一樣熱愛自己土地和同胞的人互通有無。

義大利燉飯

把春天收成的蔬果變成美味佳餚的最佳方式，就是加入海外進口的食材一起烹調。我把自家菜園摘來的紅蔥和大蒜切細，放進希臘來的橄欖油中爆香，再加入義大利來的阿波里歐米（Arborio）。等到米粒都裹上一層油，我可能會豪邁地灑些從法國來的白酒。接著加進豌豆，還有採自後院的口感柔軟、沒去殼的蠶豆，再從湯鍋裡舀進一杓杓熱高湯，用小火慢燉，持續攪拌直到米粒把湯汁吸乾，幾乎整個煮透，但還保留些許咬勁。然後灑些薄荷末，擠點可能是來自西班牙的檸檬，最後關火，讓燉飯留在爐上一會兒再上桌。

所有燉飯的作法都大同小異，唯一要注意的是加入食材的時間，以及選用的油與高湯。如果加的是豌豆和明蝦，明蝦（最好是生蝦）就最後再加，高湯則以雞湯或魚湯為佳。有些食材跟奶油特別對味，例如蘑菇和韭蔥；有些適合在上桌前加進磨碎的格拉娜帕達諾（Grana padano）起司，或者上桌後再灑上也可。如果你用的是乾燥的牛肝菌菇，就可以用蔬菜高湯來燉煮。

燉飯也可全部使用在地食材。把米換成英國產的斯佩爾特（spelt）珍珠小麥，油可以選油菜籽油或奶油（義大利人做燉飯多半都用奶油），香料和蔬菜都用本土農產。加入羽衣甘藍這種葉菜類的燉飯，多了一股泥土和堅果的風味，味道甚至比義大利燉飯更佳，但不是因為裡頭全是在地食材。我不喜歡有人因為盲目追求「在地」食材，而失去了享用道地燉飯帶來的樂趣。畢竟「斯佩爾特燉飯」的靈感本身就來自一道異國料理，況且很多本土蔬菜不也是外來的產物？豌豆是從羅馬進口的，蠶豆源於北非。英國式的斯佩爾特燉飯不過再一次證明了我們跟其他地方互相依賴的關係。

三、時間的果實 Watch the time

追求當季的理由

以下是英國一年四季都能烹調的料理。身為一個有良知的飲食者，三份菜單你會挑哪一個？

一月：

自由放養雞做成的雞肉蘑菇派。紅蘿蔔絲。大蒜泥。加了有機凝脂奶油的反轉蘋果派。食材全部來自英國本土，產地多半不超過二十五哩遠。

三月：

獲MSC（海洋管理委員會）永續認證的野生鮭魚。公平貿易認證的有機豌豆。公平貿易認證的有機印度香米做的番紅花燉飯。加了公平貿易認證的有機無花果和馬斯卡朋（mascarpone）起司的杏仁蛋糕。

九月：

劍魚。烤奶油瓜。奶油韭蔥。莓果奶酥。

所有食材都來自英國本土及英國海域。

這不是腦筋急轉彎，卻是個傷腦筋的問題。問題本身凸顯了謹守「當季、有機、在地」黃金三律的困難。比方說，三月的菜單全是有機食材，但都不是當季食物，而且每樣都是進口食材，豌豆還是空運來的。更讓我們的良知陷入兩難的是，這份菜單的食材已經盡量選擇公平貿易認證的產品。

九月的菜單同時符合當季和在地的原則，只選用這個季節在英國找得到的食材。然而，值此寫作之際，劍魚被視為瀕危魚類，社運人士多半會勸你盡可能不要食用劍魚。此外，要是這些當季食材都種植在最耗損土壤、在現行法律允許範圍下耗費最多燃料的傳統農地呢？

一月的菜單最不符合當季原則。所有食材一年四季都能從本國農場取得，有些是因為儲存良好。但從另一方面來說，這份菜單比當季菜單更好，因為食材的運送距離較近，而且來自管理較佳的農場，有些還是有機產品。自由放養雞是永續肉品，還是現宰的，不像野生鮭魚被撈捕上船後會窒息而死。

整體來看，當季、在地和有機不是打不倒的王牌，有時三個原則甚至會互相牴觸。其實，把當季、有機、在地變成金科玉律，甚至比具體規範這類食材的標準更難。追根究柢，問題就在倫理學一個無可避免的特質：多元性。

道德知識有限，還是道德有限？

無論我們以什麼作為道德的基礎，經常會出現價值衝突。例如，我們想避免空運食材，但又想支持加入自由貿易組織的南美藍莓農。那麼我們該怎麼做？懷疑論者會說，所有道德觀都是相對的，不過只是個人偏好，所以沒有正確答案。反正選擇適合你的就對了。但大多數嘴裡喊著這種自由放任的相對論調的人，實際上卻不真的這麼相信。他們往往會譴責政治人物說一套做一套，或另一半言行不一。

另一個選擇，是主張道德觀也有優先順序，所以一旦相互牴觸，一個會凌駕另一個。舉例來說，一般人認為「不可殺人的規範」凌駕「保護個人財產的權利」，因此你不會射殺一個偷你錢包的扒手。這種優先順序的確立過程十分複雜，不只要確認哪些規則適用，也必須衡量規則適用於怎樣的特定情況。也就是說，沒有一個簡單明瞭的規則能夠判定，支持公平貿易優先於減少碳排放量，倒過來也一樣。應該說，支持公平貿易通常比減少碳排放量更重要，但商品規模達到多少才適用空運，也得有一定的限制。

多元論就像第三立場（a third position），意味著我們時常得平衡對立的道德觀，而有時某些道德觀就是比其他道德觀重要。但它進一步強調，天秤不會永遠傾向某一邊。具有正當性的道德觀太多，兩相衝突時，有時很難決定哪個應該優先。選擇哪一個都會顧此失彼，沒有公式或大原則供你決定該選哪一個。

我相信多元論或許為真。我也接受最終的情況或許是：所有道德難題基本上可能都可以解決，只要我們能看清楚牽連其中的所有事實和價值。但實際上，這樣看問題並未切中要點。無論如何，多元論描繪了我們的處境，不論是因為我們的道德知識有限，還是道德本身的限制。

正因如此，我的菜單才會那麼讓人傷腦筋。沒有任何公式可以決定哪份菜單在倫理基礎上更加優越。每個菜單都各有優缺點。但這並不表示我們無法把選擇的依據或標準想得更透澈。事實上，弄清楚各種價值的本質對我們大有幫助。前一章我們已經探討過在地生產的功過，接下來還要討論有機產品和公平貿易。現在我們則要先來看看當季到底有什麼好？

「當季」這個概念模糊不清。廣義來說，所謂的當季顯然是指正值產季、立即可食用的新鮮食物。不過光以這個定義來看，所有新鮮的食物都是當季的。所以這個定義還要加上一點「在地」的觀念。在英國，蘆筍的產季在五、六月，只有這段期間英國農場才會供應當季的新鮮蘆筍，不像一月只能從祕魯空運進口。但「在地」要如何定義？假設我在福克斯通（Folkestone）這個城市用餐好了，那是我從小長大的地方，距離法國、荷蘭和比利時的農場甚至比英國約克郡和蘭開郡還近，西班牙和義大利的某些地區也比蘇格蘭的許多地區離我更近。那麼為什麼在兩百哩遠的林肯郡採收的大黃算是當季農產，而在兩百哩遠的法國採收的番茄就不算當季？

另一個複雜的因素是，塑膠溫室、水耕栽培、人造光源等等大幅延長了植物的產季。八月出產的英國草莓還算是當季嗎？

你可以把當季的定義縮小，僅限於在一年的特定時間內、在某個小範圍（就說幾百哩內好了）生產，並多多少少以傳統方式種植的食物。這不是個精確的定義，但對某些觀念和規則來說，界線模糊會比界線鮮明更好操作。舉例來說，把兩百哩又一吋外生產的草莓說成非當季，近一點的就說是當季，實在很愚蠢。此外，「多多少少以傳統方式種植」要清楚的定義也很困難。

這樣下去無可避免會出現定義模糊的問題。但真正的問題在於，這麼一來我們就必須對直覺認知的「當季」標準加以修正，儘管我們並不清楚直覺從何而來，以及是否合理。所以在設定標準之前，我們要先釐清自己是基於哪些理由才要追求當季，再來看什麼樣的標準最能達到我們追求的理想。

賞味季節

追求當季的第一個理由是環保。有些食物種在自家菜園且在某個時節長得特別好。這時候只吃這些食物，或大量食用這些食物，會比吃大老遠運來的食物，或利用人造光源和肥料等高耗能方式在非產季或非產地生產的食物，更加符合成本效益。這個論點背後的原則或許正確，但不一定會帶我們找到當季的食物。拿香蕉來說，從大量種植香蕉的地方進口香蕉，所花費的環境成本很低，所以香蕉跟當季、在地的水果一樣符合環保原則。

第二是基於美學的理由。有些食物在產季吃就是特別美味。草莓季已經大幅延長，但約莫六月盛產季的草莓還是口感最佳。長途運輸的蔬果通常比較不新鮮，一是因為尚未成熟就得採收，才不會在運輸過程中腐爛。因此英國的義大利番茄很少嚐起來跟在義大利吃的義大利番茄一樣美味。不過也有些當季食物不怕長途運送，起司就是一個例子。製作托斯卡尼的佩克里諾起司所用的綿羊奶，在春天到夏天牧草最茂盛的這段期間品質最優。這種起司只要約一個月的熟成時間，所以最佳食用期就是晚春到早秋，無論是義大利佛羅倫斯或英國費利斯托（Felixstowe）都一樣。另一個例子是松露。秋天產的阿爾巴松露不論在曼徹斯特或在米蘭都一樣美味、一樣當季。

另一個美學上的考量是，賞味期有限反而會增加賞味樂趣。間隔九個月才能嚐到的美味，吃到時會更添美味，常吃反而會膩。我還記得有一年，在店裡看到草莓提早上架我滿心歡喜，那年暖夏我常買草莓做各式各樣的草莓料理，就怕草莓季一轉眼就結束。但現在有了塑膠溫室，草莓季延長到九月，我吃草莓吃到會怕，隔年看到草莓上市也無動於衷了。

最後一個追求當季的美學考量是，現代人的生活同質性越來越高。家裡和辦公室一年四季都是攝氏十八度，街上很少有植物讓人可以區隔夏天和冬天，跟季節變化有鮮明關係的工作也屈指可數。越是留意大自然的季節變化，每日生活就會更豐富多變。今天跟昨天越不一樣，可以欣賞的就越多；相反的，日子千篇一律，我們就越不懂得珍惜每一天。

這就會說到追求當季的第三個理由，一個超越美學的考量：讓我們更能體會時間的流轉。這也是我從自己的耕地和菜園得到的最大收穫。開始自耕自食後，你對季節的變化會更加敏銳，甚至在換季前就感受到了變化。比方從八月開始你就發現植物的生長速度變慢了，有些作物已經採收，葉黃花枯的秋天漸漸展開。同樣的，早在二月、甚至一月，你就可以在新芽上看到春天的訊息。

這不是「貼近自然的節奏」的浪漫情懷，正確的說，應該是貼近人類生命的節奏。我們介於動物和天使之間，既不像動物只活在當下，也不像天使活在永恆的時間裡。想要聽聽跟我們的生命一同滴答流逝的時間，到菜園裡就能找到。耕作必須預作規畫，把眼光放在當下以外，但仍在時間的框架之內。長得最快的作物，比方芝麻菜，從播種到上桌也要幾個禮拜。果樹則要好幾年才會成長茁壯，葡萄樹甚至更久。如果是輪作，一次循環也要三四年。菜園讓你得用週、月、年等單位來思考時間，而不是分秒、百年或千年。

在這樣的時間框架下，事物永遠在變化。春天你會看到作物一天天長大。去年我們的果樹帶給我們特別多的樂趣。每天早上我們都會看到成熟可摘的莓果，但每株果樹的盛產期只有三到四個禮拜。如果你留意大自然的變化，會發現萬物轉瞬即逝、生死榮枯的必然循環，以及人類何其有幸，能在有生之年享受生命的獻禮，苦甜參半的心情油然而生。在此同時，變化無窮的菜園也鼓勵我們要放下，美好的事物終會消逝，只能期待來年有福享受。

有些文化對季節的感受比西方更敏銳。在日本或許最明顯，日本人有「物の哀れ」

這種美學觀，即觸景生情、懷時感物的情懷，包括對萬物終有時的感懷和惆悵。培養對季節的敏銳感受，在日本是很理所當然的一種美德，值得我們效法。跟環保考量比起來，這才是最能說服我們盡可能按照季節變化生活和飲食的理由。

蘋果黑莓奶酥

我家附近有幾個適合秋天去採黑莓的地方，而我也持續尋找其他採摘地點。大約在同一個時節，離索美塞特郡不遠處，只要那年蘋果盛產，你就會看見很多人家寧可把一箱箱蘋果放在車道盡頭供人免費取用，也不願眼睜睜看著蘋果腐爛。用這些收集來的水果就能做出我最喜歡的當季料理。

蘋果黑莓奶酥真的很容易做。首先，把蘋果去皮，切成小塊，大小不一也無妨。接著加進黑莓，分量隨意。如果你用的是食用蘋果而非烹調用的蘋果，就不需要再加糖。不過，如果黑莓很酸或是你加了很多，或許就得加點糖或蜂蜜，中和酸味。

奶酥其實就是麵粉（白麵粉或全麥麵粉隨你喜好）、糖、奶油和一小撮糖的混合體。糖跟麵粉的比例視你的口味而定。奶油的分量則是加到所有材料都可搓成礫狀，捏住又會黏在一起的程度即可。我還喜歡加些燕麥和碎堅果。奶酥的分量則看你喜歡奶酥多厚而定。

把做好的奶酥鋪在水果上，放進約攝氏一百八十度的烤箱烤四十五到六十分鐘，表面呈焦黃色即可。有時放進冰箱隔天早上加些希臘優格吃更美味。不過最美味的仍是水果產季開始和結束前烤的奶酥，就像是一年一度的好友相聚和告別的時刻，你知道有了它的陪伴，年年都會過得有滋有味。

四、有機之外 Look beyond organic

以地球的管家自居

跟英國土壤協會總監海倫・布朗寧（Helen Browning）共進午餐，從很多方面來說，是對她在英國帶領的有機運動的支持。我們約在布里斯托格洛斯特路（Gloucester Road）的福利社見面，那是一家融合社會各階層的餐館兼酒館，當地居民不只連署反對開設全國連鎖的超市，甚至有人策畫發起燃燒彈攻擊，當警察突襲可疑的策畫地點時，還在當地引起暴動。這個事件意味著有機不再是中產階級的專利，一般人也希望食物不只美味、當季、來自當地的小農場、照顧到動物福利，更符合環保標準。而且布朗寧點的豌豆燉飯跟我點的永續鯖魚都比很多外帶食物還便宜。不過福利社黑板上的菜單每天更換，卻明顯少了兩個字：有機。

類似的故事也在鄰近巴斯的一座農場上演。湯姆・包爾斯（Tom Bowles）的農場位在索美塞特郡，家中務農已經將近兩百年，他父親見證了現代農業的所有巨變。幾十年前他家的農場幾乎只種植單一作物，生產的小麥都供給超市販賣，如今又改回混作，農產品幾乎都在自家商店和餐館販賣。牧草不灑肥料，改種苜蓿讓草地更肥沃，農藥則幾乎完全不用。開車進去農場的人大多以為這是座有機農場，實則不然。

近幾十年來「有機」嶄露頭角，成了新飲食福音高唱的黃金三律的基石，左邊是「當季」，右邊是「在地」。很多人都認為有機才是飲食的未來。但有機帶領的隊伍卻在很多市場中停滯不前，有些甚至還倒退。二〇〇八年末信用緊縮首度衝擊市場之後，英國的有機農產銷量就年年下跌。單單以人民縮衣節食來解釋一個已成中期趨勢的現象好像還不夠，因為公平貿易商品（同樣是價格較高的良心認證產品）的銷量非但沒有下滑，反而持續走高，光是二〇一二年估計就成長了百分之十九。

真正的原因似乎是，過去支持有機但對有機一知半解的消費者，如今把省錢看得比有機更重要，而那些把有機當作優良食品標籤的商人，轉而選擇對他們最有利的其他良心標籤，比方永續、當季、在地、公平貿易或動物福利。諷刺的是，商人變得更敏銳多少也是有機運動的功勞。有機農場鼓吹的大原則日趨主流之後，有機認證的光環也逐漸消失。

選擇適合的農耕方式已經是刻不容緩的問題。全球人口到二十一世紀中就會達到顛峰，屆時地球上的糧食能否餵飽全球估計約九十億人口仍然是個大問題。此外，現代的工業化農業（即大量使用化學農藥及肥料的大規模農業）是否能永續經營也令人懷疑。

現代農業仰賴的資源，如石油、氮及磷酸鹽等等，都是有限的資源，很多甚至正在快速枯竭中，至少以目前可取得的形式來看是如此。

從這一田到那一田

我們面臨的困境在波洛波斯（Polopos）這個西班牙小村落顯露無遺。波洛波斯位在安達魯西亞山區，離海岸僅幾哩遠。走在石頭小路上，你會看到騾子養在農舍底下的畜欄裡。這裡的人仍用牲畜犁田，種植葡萄和杏仁。你可以去敲當地牧羊人的門，跟他買自家手工製的山羊奶起司。聽起來充滿田園色彩，但不消五分鐘你就會發現事實不然。波洛波斯正走向衰亡。人口老化，年輕人外移，學校多年前就已經關閉，街上難得看到小孩或青少年的身影。這種原始的農耕方式在大家都安於貧窮、勉強可維持生活的狀況下或許還過得去，卻不足以讓想要享有二十一世紀基本福利的人過像樣的生活。

然而，留在村裡的人無法只靠杏仁及當地特產的costa葡萄酒存活，只好跟鄰近市鎮的超市、每週六開貨車上山的小販或附近的市場買蔬菜水果。令人震驚的是：堅守田園生活的人，食用的竟是淡而無味的蔬果。在不遠的卡迪亞鎮（Cádiar）的市場裡，能找到有味道的番茄算你幸運。從波洛波斯四周的山丘往海岸看去，你就會明白為什麼如此。放眼望去，陽光下白得發亮的塑膠溫室布滿山谷，延伸到山腰，山坡地被無情地夷平好用來種植農作物，但不是土耕而是水栽，也就是把植物種在培養液裡。這種現代農耕技術主要是為了盡可能提高產量，而不是改善口味。這些作物多半會外銷，送到英國的各大超市，那裡的消費者對產地西班牙有截然不同的想像。

逝者已矣。沒有必要假裝我們可以回到用騾耕田的時代。問題是，現代似乎也不怎麼吸引人。那麼我們怎麼從一個時代過渡到另一個時代？有沒有其他選擇？

湯姆．包爾斯的農場的演變史，就是這個問題的縮影。二次世界大戰之前，它或許可以稱為傳統的混作農場，自家農產都送到當地的小市集販售。後來大戰對歐洲造成巨大衝擊，農場幾乎無法生存。戰後，可想而知歐陸決心提高農產量，確保生產的糧食餵飽人民後還綽綽有餘。這段時間是農人的全盛期，有大筆補貼供農民更新農法、提高產量，用機器和噴灑裝置取代過去溫和的耕種方式。

下一波速度較慢的變革是超市的壯大。湯姆的父親理察．包爾斯（Richard Bowles）說，超市很聰明，他們會先四處打探他們想進的產品的生產成本，然後根據產量最大的農場的生產成本付錢給農民，有效抑制價格。農場被合約綁住，為了履約不得不配合超市的要求。

理察．包爾斯跟許多人一樣，不想再被牽著鼻子走。「我看不出這一帶像這樣規模的農場，在現今的商業化農業中要怎麼獲利，」他告訴我。後來他兒子決定把農場帶往新的方向。他們另闢蹊徑，不再供貨給超市，有點像回到原點——混作、在當地自產自銷。他們的店面不在大馬路上，所以不做過路客的生意，顧客多半是當地居民，而非出外踏青的中產階級都市人。到目前為止，這個計畫運作得還不錯。

農人所做的這類改變，以及消費行為的改變，都表示超市必須改變原來的遊戲規則。雖然超市有時還是會討價還價，但不得不接受壓榨農場的手段已經不再適用。現在超市都努力跟農民打好關係，一來是為了確保供貨的品質，二來也讓越來越聰明的消費者知道他們不是企業惡霸。

有機在這裡扮演了什麼角色？以包爾斯的例子來說，完全沒有。但你可以看出有機之所以嶄露頭角，是因為它提供了另一種誘人的選擇，讓這個故事有其他的正面發展。

對汙染根深柢固的反感

首先，有機為擔心大量使用化學農藥和肥料會危害健康的消費者打了一劑強心針。一九六二年瑞秋．卡森（Rachel Carson）出版《寂靜的春天》（*Silent Spring*），呼籲大眾警惕化學農藥對人體健康的危害，並把殺蟲劑對鳥類的傷害當作一大警訊。此後這個問題就獲得大眾的關注，很多人對傳統方式種植的作物戒慎恐懼，害怕有毒殘餘物。因為如此，有機成了一個吸引人的選項。雖然有機作物並非完全不噴灑農藥或化學肥料，但起碼用量很少。根據土壤協會和永續聯盟的研究，相信有機食品「對自己和家人較健康」是大眾購買有機食品的主因；因為健康因素而購買有機食品的人占五成二，超過關心動物福利（三成四）和購買良心商品（三成三）等原因。[22]

然而，傳統耕種方式並不等於大量使用化學農藥。《寂靜的春天》一書的出版多少推動了立法，殺蟲劑和肥料的使用規範比以前嚴格許多。「傳統耕作者的標準比二三十年前高多了，」蔬果供應商查理．希克斯說，「我認識不少農民，他們的標準都很高。大家說到噴灑農藥時都很坦白。他們跟你聊天時最常重複的一句話就是：『你知道那東西有多貴嗎？』」

英國農業研究會（Agricultural Research Council）的前科學主任羅伯．布萊爾（Robert Blair）教授，最近推出一本考察了近幾十年的論據的學術著作。他在書中指出，「有機和傳統作物在營養價值和有害農藥殘留上並無差別，」而且，「世界各地的科學家和政府食品部門也提出同樣的結論。」確實，過去我們對殺蟲劑和化學藥劑的關注太少，如今卻有關注過頭的傾向。農民是最常暴露在殺蟲劑下的人，但布萊爾發現他們的罹癌率「遠低於一般大眾」，這或許是因為他們的生活比一般現代人更健康、更親近大自然。

22 見Martin Cottingham, Organic Market Report 2012, www.soilassociation.org/marketreport

另有研究指出，有機農場和傳統農場的農夫的精蟲數並無差別。[23]

我們多半認為農藥噴灑越多越不好，但真正重要的是農藥的「殘餘量」，即農藥殘留在土壤或植物上的時間。舉例來說，農民之所以常噴灑年年春（Roundup），是因為這種農藥揮發得很快，需要定期噴灑。在這種情況下，農藥越快揮發就越安全，也越需要經常噴灑。

問題是，很多人都不相信科學定義的「安全劑量」，一心認為只要有農藥殘留就不好。但這只是一種迷信，源於我們對「汙染」根深柢固的反感：我們認為，無論汙染是大是小，對各種汙染深惡痛絕才是人該有的表現，而這在演化上也有充分的理由。然而，理性在這裡不得不說句公道話。生活中有很多自然形成的致癌物質，如茶、咖啡和可可裡的單寧酸，或是煮過的肉裡的雜環胺，但大多數人想必不會迴避這些食物，所以我們也不應該害怕致癌物質更少的蔬菜，因為除非農藥超標才會對人體有害。

即使傳統作物殘餘的毒素未超標，仍然有人擔心這類快速催生的作物較不營養。科學再次證明，事實並非如此。倫敦衛生與熱帶醫學院（London School of Hygiene and Tropical Medicine）的教授艾倫．丹古爾（Alan Dangour）研究發現，有機作物在營養成分或有益健康方面跟傳統作物並無明顯差別。布萊爾教授在其著作中的結論是，「目前的共識是……沒有證據能證明有機食品比較營養或安全。」[24] 這些發現強化了到目前為

23 Robert Blair, *Organic Production and Food Quality* (Wiley-Blackwell, 2012), p. 223 and p. 259.
24 同上，p. 259。

止涵蓋範圍最廣的一次研究，即二〇〇九年由英國食品標準署（Food Standards Agency）委外對五十年來的研究數據進行的調查。該研究的結論是：「有機及傳統方式生產的作物和牲畜，在營養成分上多半無明顯差異。」

有些農法確實會降低作物的營養成分，危害人體健康，但根本的原因跟是否有機無關。例如，吃草的牛分泌的乳汁據說營養更豐富，吃草的有機牛雖然比傳統的飼料牛多，但吃草的牛很多都不是有機牛。所以，有機牛奶雖然宣稱 omega-3 脂肪酸含量較高，但唯有跟傳統飼料牛生產的牛奶相比才算數，不能跟吃草的非有機牛相比。

有機食品有益健康的說法逐漸被推翻。二〇一二年，一篇登在《內科學年刊》（*Annals of Internal Medicine*）的文章綜合各方證據後說：「如果你是成年人，只以健康為選擇考量的話，那麼有機和傳統食物的差別並不大。」有機食品有益健康的主張如今已經站不住腳，因此土壤協會甚至被禁止為有機背書。為免受罰，「現在我們說的話都要經過廣告審查局（Advertising Standards Authority）的認證，」布朗寧說。

有機就對動物比較好？

一般人選擇有機食品的另一個理由，是保障動物福利。隨便拿一個有機農場跟傳統農場比較，你會發現事實大致如此。世界農業關懷協會（Compassion in World Farming）也認為，有機食品藉由認證制度為動物福利提供最大的保障。但這並不表示有機理所當然就對動物比較好。動物福利研究員蕙貝琪告訴我，有機標準是否對動物更有益，截至目前的研究「仍未確定」。要知道動物是否被善待，唯一的方法不是看標章，而是親自走訪農場。農場不是只要遵守規定就算善待動物。

有些有機牲畜確實比非有機牲畜還慘。「我絕不會用有機方式飼養牲畜，」蘇珊．胥歐尼恩（Susan Schoenian）說。她是馬里蘭州的綿羊及山羊畜牧業者，也是受過大學教育的科學家及「咩王國」(Baalands）部落格的版主。她認為美國的「有機標準不准你使用經科學證明有效的方式治療生病的動物。你不能使用抗生素、驅蟲劑、消炎藥、球蟲抑制藥、類固醇、荷爾蒙、飼料添加物，還有很多傳統的治療方式」。

「我們知道確實有些部分對有機業者是兩難，」蕙貝琪說：「比方趾部皮膚炎，一種牛的傳染病，據我們所知施打大量抗生素是很有效的治療方式。」

規定要以動物福利為優先，即使這代表在治療過程中會喪失有機地位，但這可能會造成不好的結果。誠如蕙貝琪指出的：「從農民的角度來看，一頭牛一旦喪失有機狀態，就會變成頭痛的問題。」

白湖起司（非有機）公司的羅傑．朗文（Roger Longman）道出了言外之意：「很多農民會想，『牠其實也沒病得多嚴重，不需要治療，但願過一陣子就自然痊癒了。』我認為那樣是不對的。如果我生病了，我會去找醫生拿抗生素，我希望對自己養的動物也能這麼做。」

從動物福利的層面來看，麥當勞甚至是這波有機運動的領航者。近年的研究發現，具備灌木叢和樹蔭等等的豐富環境，比縮減牲畜數量、擴大牧場更有益於提升動物的福利。值此寫作之際，麥當勞早已率先對雞蛋供應商提出牧場優化計畫，而土壤協會則還在商議是否要順應科學證據，修改原來的標準。

有機和工業化不是二擇一

有機食品的最後一個賣點是，傳統農法有害環境，無法永續發展。無論在過去或現代，都不愁找不到這一類例子。其中最駭人聽聞的，應屬密西西比州沿岸農地噴灑的肥料，其中的氮流入大海，在墨西哥灣形成一片「死海區」，連海洋生物也無法生存。二〇〇八年的研究發現，全世界有四百多個類似的死海區。[25]但因此就一竿子打翻所有非有機農產也不對。如果認真檢視證據，你會發現問題比你以為的更加錯綜複雜，除非你只看好處或壞處，而這也是捍衛者和批評者最常犯的錯誤。舉例來說，針對內布拉斯加

25 'Earthtalk: What Causes Ocean "Dead Zone" ?', *Scientific American* (25 September 2012), www.scientificamerican.com/article.cfm?id=ocean-dead-zones

州高密度玉米產區的研究指出，密集灌溉及噴灑含氮肥料的作物，比其他方式種植的作物產量高，耗費較少能源，造成的環境衝擊也較少。[26]連海倫・布朗寧也無法否認，並非所有證據都站在有機這一邊。「在生物多樣性方面，有機顯然很吃得開，但在氣候變遷、溫室氣體這些方面，就不一定了。」

有機擁護者若一直把「永續性」當作王牌，總有一天會踢到鐵板。從近代歷史的發展看來，傳統農法會因應時代而改變，也有強烈的動機想減少對石油和合成氮等有限資源的依賴。有人會說，破壞西班牙南部景觀的水栽農場效率一流，也沒汙染周圍的土地，甚至不需大量使用化學用品、水或石化燃料，已經可以算是永續農場。就算你還是不買帳，但醜陋的工業化農業要達到永續和安全的標準，可能只是時間的問題。若是如此，我們就有了一個放棄有機、選擇工業化農業的好理由。華盛頓州大學的教授約翰・瑞加諾德（John P. Reganold）並非大規模農業的擁護者，他帶領了美國第一個也是目前唯一的有機農業學系。但他在《自然》（*Nature*）期刊中指出，從最近的整合分析中可見，「已開發國家的有機農業產量比傳統農業低百分之二十。」[27]有機運動以外的人多半認為，要是全球農業一夕之間都轉成有機農業，絕對無法餵飽全球人口，甚至連有機農業支持者也有相同的疑慮。

但這並不表示我們需要貪婪的大規模農場。事實上，全世界的糧食有七成是擁地兩

26 Patircio Grassini and Kenneth G. Cassman, 'High-Yield Maize with Large Net Energy Yield and Small Global Warming Intensity', *Proceedings of the National Academy of Sciences of the United States of America* (2012), 109, 4 (pp. 1074-9).

27 John P. Reganold, 'The Fruits of Organic Farming', *Nature* (10 May 2012), vol. 485, p. 176.

公頃以下的小農所生產的，所以我們對工業化農業的依賴並不深。[28]當辯論雙方在呈現議題時，總讓人覺得非採取極端的對策不可，但其實無論是農業全面有機化（連環保組織地球之友都不這麼建議）[29]或工業化，對雙方來說都是最壞的解決之道。這不是個二擇一的問題。二〇〇八年唐莫迪（Monty Don）接下土壤協會會長時也表達了同樣的看法：「我寧可買當地生產但非有機的永續食品，也不要買海外進口的有機食品。」[30]

如湯姆．包爾斯所說，農業無法清楚劃為「小規模、有機」一邊，「大規模、工業化」一邊。尼爾乳場的多明尼克．寇伊（Dominic Coyte）雖然大致上支持有機農業，但他說：「你可以發展大型有機農場，但那裡的農法會比一個負擔不起土壤協會的有機認證或覺得這樣有點可笑的農夫更好嗎？對我來說，規模才是更重要的考量，有些有機畜牧的規模太大了。」確實，有些有機農場的規模可觀，所以飲食作家麥可．波倫（Michael Pollan）才會用「工業化有機農場」來形容它們。[31]很難說這些農場是否達到有機農業的理想。慢食運動的發起人卡羅．佩屈尼就批評過美國大型農場對外勞的剝削，他說：「沒有一個文明國家像加州這樣，藉由奴役大批墨西哥農民來推動有機農業。」[32]

從幾百哩外運送來、大規模飼養、吃有機飼料的牲畜，會比小規模飼養、吃施過少量肥料的青草的牲畜好嗎？單一栽培的有機玉米田，難道會比少量噴灑殺蟲劑的混作田地好？

28 'Powering Up Smallholder Farmers to Make Food Fair', Fairtrade Foundation (25 February 2013), www.fairtrade.org.uk/resources/reports_and_briefing_papers.aspx

29 'Eating the Planet? How We Can Feed the World Without Trashing It', Compassion in World Farming and Friends of the Earth (2009), www.foe.co.uk/resources/reports/eating_planet_report2.pdf

30 Leo Hickman, 'Dig for Vicotory', interview with Monty Don, the *Guardian* (30 August 2008).

31 Michael Pollan, 'Behind the Organic-Industrial Complex', *New York Times* (13 May 2001).

32 Carlo Petrini, speech at Terra Madre 2006, as translated by John Dickie from press release in *Delizia!* (*Sceptre*, 2008), p. 343.

這個問題之所以複雜，一個原因是「有機」沒有明確和統一的定義。各國的「有機」標準都不同，有時單一國家也沒有一致的標準。例如，養殖鮭魚在蘇格蘭可以拿到有機認證，但歐盟對養殖魚類卻沒有一定的有機標準。英國採用了歐盟制訂的最低有機標準，但認證機構有十個，而且標準各不相同。大部分的標準都大同小異，但也有些明顯的差異，比方美國全面禁用抗生素，但英國允許一定的劑量。

這就表示，有機農業雖然以四大原則為根基——維持健全的食物鏈、維護生態系統、公平對待所有參與者、防範未然——但它賴以運作的規則很龐雜。所以才會有那些不認同規則，但為了抬高產品價格卻又一一達成標準的人，也有認同有機四大原則卻無法達成標準的小農，例如安達魯西亞山區卡迪亞市集的農家。他們的招牌上寫著「有機農產」幾個大字，底下附上「無認證」幾個小字。但就某個重要意義而言，他們錯了：有機與否並非由認證制度判定。

這幾年我持續關注這些議題並發表文章，我發現一般人很難放掉有機就是比較好的執念。我對這種現象寬厚一點的解釋是，人們在「有機」裡看到某些好處，只是事實跟他們的想像有些出入。確實，生產糧食的過程要善待動物、維護環境、確保食物的安全和健康，但也有些非有機農業符合這些條件，甚至有些工業化農業也是。

做個稱職的地球管家

對我來說，真正的有機不是把「健康、公平、生態、關懷」四大原則掛在嘴邊，而是將一種美德內化，這種美德就是「盡責管理」（stewardship，編按：stewardship 一詞在西方生態倫理中有特別的意涵，指人作為上帝的管家來對待這個地球）。「盡責管理」可以說是政治保守派一直以來捍衛的理想。其核心概念就是，地球上的土地非我們所有，而是前人留給我們的遺產，我們必須善加保護，把土地以美好或更好的面貌傳給後代。如二十世紀最雄辯的保守主義哲學家羅傑・史克魯頓（Roger Scruton）所說：「我們會發現，當下同時也是過去，只不過是未來某個人的過去。」[33] 如何面對這個事實，就是我們在波洛波斯這樣的地方所面臨的挑戰。過去的傳統在這些地方已經一去不復返，取而代之的東西卻又如此令人反感。

如果以「地球管家」的角度來思考，答案不會是有機農業，也不會是藉由科技提高農業效能，更不是盡可能保存生產糧食的傳統方式。好的管理方式必須做到農業永續發展，但光是這樣還不夠。

管家也要保護土地和景觀。如果你只在乎永續發展，或許沒有理由反對破壞安達魯西亞和阿爾梅里亞（Almeria）景觀的大片塑膠溫室。塑膠溫室的問題在於，原本風景

33 Roger Scruton, *Green Philosophy* (Atlantic, 2012), p. 235.

優美的鄉間變得醜陋不堪，山坡地被挖得面目全非。一九五〇、六〇年代，為了吸引尋找便宜度假去處的遊客，主要是英國人，一些毫無品味的新建築破壞了西班牙的海岸。如今，山麓也步上同樣的命運，只為了提供無味的食物給找便宜餐館的遊客，多半也是英國人。當然，保護自然美景和建設開發之間永遠都得有所妥協，但管家理論並非不經思考的保護主義。好的管家有足夠的勇氣去捍衛該維持不變的東西，有敏銳的觀察力拿捏必須做的改變，也有智慧察覺兩者的不同。

管家也要維護餐桌上的文化。人類在餐桌上不只填飽肚子，也享受食物。這表示我們在意的不只是食物的分量和價錢，也要尊重食物的品質和味道。這裡難免有點菁英主義的味道，一不小心就會否定靠有限薪水以廉價食物餵飽自己的人。有人說，只要學會正確的烹調方式和量入為出，每個人都能享受「聒噪階級」(chattering class，譯按：指教育程度高、意見多的中上階級）最愛的有機美食。我不這麼認為。不過我確實相信大多數人都可以在預算範圍內吃得更好。這或多或少看你把什麼擺在優先。鴿子農場的麥克·梅里奇（Michael Marriage）就為自家的有機麵粉和餅乾抱不平：「為什麼大家總是要買最便宜的食物？」他說得沒錯，我們買東西幾乎只看價錢，包括飲料。飲食占家庭支出的比例是有史以來最低，但這些錢很多都花在外食或外帶。以二〇一一年的英國為例，家庭飲食每支出一英鎊，就有四十三便士花在外食上。[34] 我們不需要花更多錢鼓吹

34 'Family Food 2011', Defra, p. 11, www.defra.gov.uk/statistics/food-farm/food/familyfood

地球管家的觀念，只需要改變一下花錢的方式。

管家所代表的美德，濃縮了有機的所有好處，甚至更進一步把有機以外的好處也包含在內。這種美德就是妥善管理祖先留給我們的遺產，不揮霍浪費，也不僵化守舊。這就是我們決定要買什麼食物時真正應該考慮的事，而不是上面有沒有有機標章。因此，有機運動宣揚的福音就像舊約聖經，只是在為新約聖經鋪路，我們要在更健全的美德基礎上做出正確的選擇，而盡責管理就是其中不可或缺的一種美德。

單粒小麥麵包

不難理解為什麼單粒小麥這種最原始的小麥，很久以前就從英國餐桌上消失。鴿子農場的麥克·梅里奇最近開始跟太太克蕾兒一起種植這種作物，連他都說：「產量少得可憐，麥穗小，穀粒也很少。」此外，現代的國產小麥大部分都是「裸麥」，意思是小麥的外殼在打穀階段已經脫落，但單粒小麥的每顆麥子都包在硬殼裡，必須另外去殼。

但只要嚐過這種麵包，「值得費那麼多工嗎？」的疑慮就會一掃而空。我的麵包烘焙技術很粗淺，但即使照著麵粉袋上印的簡易食譜操作，烤出的麵包也比超市賣的麵包美味多了。它有種接近蛋糕的、柔軟又扎實的質地，口味帶有一絲玉米香和堅果香。

如果要做一整條麵包，首先是把五百公克的單粒小麥麵粉、一小匙（五公克）快速酵母、一小匙鹽和糖，還有三百二十五毫升溫水均勻混合。我習慣再加一點橄欖油或堅果油，有時還會用一點蜂蜜代替糖。揉個五到十分鐘就能揉成麵團。之後塑型成長條狀，拿條抹布蓋住麵團，然後移到溫暖處發酵三十五到四十分鐘。發酵完成就放進預熱到攝氏兩百度的烤箱烤四十到四十五分鐘。

如果找不到單粒小麥，也可以用現在很容易找到斯佩耳特小麥；這是由鴿子農場重新發揚光大的另一種原始小麥。水多加一點（三百六十毫升），想要麵包更有彈性就多揉一下，並進行二次發酵。斯佩耳特麵粉的發酵速度很快，麵團發到約兩倍大就可以進行下一個階段。

支持這些小麥就是為地球管家盡一份力，不只對維護農業傳統意義重大，也滿足了我們的胃。

五、慈悲的殺生 Kill with care

吃素不一定比吃肉更人道

這是我二十年來第一次決定找機會點份培根三明治來吃。提蒙西（Timothy's）這家很受歡迎的公路餐廳的早餐菜單裡就有不少選擇。餐廳位在索美塞特郡，離蘭福鎮（Langford）不遠的三十八號公路上。我剛參觀完不到一哩外的某家屠宰場，那裡的豬隻正要展開成為三明治夾餡的旅程。這個經驗讓我變成少數親眼看過牲畜屠宰過程之後，還更願意吃肉的人。我看到了那些豬被養大的方式，牠們住在鄉下莊園的寬敞豬圈裡，受到良好的照顧和餵養，就跟在泥巴裡打滾的豬一樣快樂。吃下牠們時可以無愧良心，讓我覺得心滿意足。可是對於提蒙西餐廳的棍子麵包裡的豬肉餡，我其實沒那麼有把握，所以最後我只叫了杯裝在塑膠紙杯裡的滾燙熱茶。

對我來說，這是一段漫長旅程中的里程碑。這趟旅程從我青少年時期不再吃哺乳動物和家禽開始。我父親多年來都是個魚素者（不吃其他肉類，但吃蛋奶和魚類），後來我姊跟進，我就決定也試試看，不是因為認定吃肉就是殺生，而是因為還沒有人說服我其實不是。不吃肉對我來說不難，而且既然是生死攸關的事，謹慎一點總沒錯。

我從不自稱是素食主義者，一來大多數海洋生物我還是照吃，而且也不覺得有必要拒絕自動送到我面前、已經煮熟的肉塊，尤其是雞肉。不過，有超過十年的時間，我不煮也不買肉類或家禽，但仍會買起司這類含動物成分的食物。過了又大約十年，我坐下來仔細思考我不吃肉的理由，並得出一個結論：我應該更積極且一致地實行我的原則。

我一直很確定一點：不殺生這個理由根本站不住腳。世界上沒有適用萬物的「生命神聖不可侵犯」的原則。不然我們也不該殺寄生蟲、散播疾病的昆蟲、細菌或病毒了。若要恪守「生命神聖不可侵犯」的原則，你就得像耆那教徒一樣摀著嘴，免得不小心吞下蒼蠅。另外也得慎選食用的蔬菜，因為耕耘機和殺蟲劑會殺死田地上無以數計的動物，例如兔子、老鼠和雉雞。[35]當然你也不該養貓，讓牠到處亂跑，因為吃得飽飽的家貓還是會到外頭獵殺小動物。研究估計，美國「自由放養的家貓一年殺掉十四億到三十七億隻小鳥，以及六十九億到二百七十億隻哺乳動物。」[36]

因此，要人類不殺生毫無道理可言。背後的立論基礎是要人類扮演上帝的角色，畫出一條界線，決定何種生命神聖不可侵犯，何種生命為了人類之便可以被剷除。每個人心中都有這樣的一條線，素食者也不例外。只有瘋子會反對殺死細菌和病毒。幾乎所有人都願意殺掉傳染病菌給人體的蝨子。大部分人會殺掉害蟲，雖然很多人寧可用陷阱捕

35 Steven L. Davis, 'The Least Harm Principle May Require that Humans Consume a Diet Containing Large Herbivores, Not a Vegan Diet', *Journal of Agricultural and Environmental Ethics* (2003), 16 (4), pp. 387-94.

36 Scott R. Loss, Tom Will and Peter P. Marra, 'The Impact of Freeranging Domestic Cats on Wildlife of the United States', *Nature Communications*, 4 (29 January 2013).

捉，但捕到之後呢？送到老鼠保護區嗎？問題不是要不要畫界線，而是畫在哪裡？唯一合乎情理的判斷標準是生物的知覺程度。有某些持續感知經驗的生命，其利益當然需要得到尊重。所以素食者對待植物跟對待動物的方式才會不同。沒有哪個通情達理的人會主張胡蘿蔔被連根拔起時會痛，除非是用在誇張的比喻上。

痛苦之於動物，折磨之於人類

然而，雖然素食者和雜食者都同意這個基本原則，回到實際層面卻又立場各異。對許多素食者來說，重點是無論動物的感知力多麼有限，一樣會感覺到痛。哲學家邊沁一語驚醒夢中人，他說：「問題不是『牠們能不能理性思考？』或『牠們會不會說話？』而是『牠們會不會痛苦？』」[37]造成不必要的痛苦並非好事，能盡量避免當然最好。

不過這個論點用在吃肉這件事上，仍然不足以決定我的立場。首先，動物承受的痛苦到底有多痛？我想這裡有必要區別「痛苦」(pain）和「折磨」(suffering）的不同。痛苦是一種不適感，是演化過程中為了避免身體受傷而發展出的警報系統（雖然警報可能是假的）。所有具備基本中樞神經系統的動物都感覺得到痛苦，這一點無庸置疑，甚至某些甲殼類動物也是。而折磨則是一段時間的痛苦，是累積加深的痛苦，需要某種程度

37 Jeremy Bentham, *An Introduction to the Principles of Morals and Legislation* (1789), Chapter XVII, note2.

的記憶。

要知道兩者的不同，只要想像一個人喪失了記憶力，不管有意識或無意識的。無論發生什麼事，他都會立刻忘掉。想像這個人每十秒就被刺一下，這種不必要的痛苦當然很糟糕，但對他尚且稱不上酷刑，他這一次被刺也不會比前一次被刺更痛，因為他每次被刺都像第一次被刺。現在想像我每十秒就刺你一次，不用多久，你就會覺得快被逼瘋了，然後大喊「住手！」，因為你知道這是持續的折磨，也害怕它會無限期延長。你所承受的痛苦總量跟失憶症者相同，但你受折磨的程度卻遠遠大過他。這反映了一個普世真理：痛苦很糟，但折磨更糟。

不少實驗證明痛苦和折磨是不一樣的事。折磨有記憶的因素在裡面，比起痛苦，我們更擔心受折磨。最引人注意的一次實驗，是要求做內視鏡的病患在過程中描述其痛苦與不適的程度。然後過程一結束，又要求他們評判剛剛整個過程有多不舒服，以及是否願意再做一次。由此得出了兩種結果，一個是當下做出的判斷，一個是事後回顧所做的最後判斷。結果發現，最後的判斷很大部分取決於**痛苦最劇烈的時刻**，而非患者**感受到的痛苦總量**。患者最痛苦的時刻是最後取出內視鏡的時候，如果過程在此結束，患者就會認為整個療程痛苦不堪。但如果把內視鏡暫且固定在體內，患者雖然隱隱覺得不適，但不舒服的感覺會漸漸緩和下來，患者最後就會覺得整個過程不那麼痛苦。這種結果完全違反直覺，因為患者在第二種情況下雖然覺得較不痛苦，但實際上承受的痛苦跟第一種並無兩樣，甚且第二種情況的最後**多加**了額外的、輕微的不適。換句話說，痛苦總量較多，但折磨總量較少。[38]

其中的原因很簡單：痛苦本身是種不愉快的感覺，但那是當下的感知經驗，過去就過去了。人類的自我意識較其他動物發達，不是因為我們能體驗當下（其他動物也會），而是我們能根據當下的體驗串成一連串的生命故事。這種更高形式的自我意識不僅是當下經驗的累積，也是由當下經驗建立而成的複雜認知。這樣來看，折磨是由痛苦累積而成的，但並不是直線的累積。

這就是折磨與痛苦之所以不同，而折磨也比痛苦更嚴重的原因。當然，這不表示造成一次莫大的痛苦絕對不比造成持續而輕微的痛苦嚴重。這樣的比較不可能有簡單的算式。但我認為這確實指出，造成痛苦不必然是罪惡，只要它不會演變成莫大的折磨。把這點套用在動物上，道德標準就會一清二楚：在飼養或採獵階段的某一時刻造成動物暫時的痛苦不一定是罪惡。真正應該擔心的是，我們是否對動物造成持續的折磨，或一再重複的痛苦。

有個迷人的故事清楚說明了痛苦之於動物、折磨之於人類的差別。有名女性跟一群人在肯亞旅行，途中有人帶來一頭山羊，大家馬上靠過去摸牠，說牠好可愛，但她知道

38 Daniel Kahenman, *Thinking Fast and Slow* (Allen Lane, 2011), pp. 379-80.

這頭山羊遲早會進大家的肚子。果然，有天大家把山羊綁在樹上準備宰來吃。看得出來山羊很害怕，但刀子太鈍了，本來要一刀劃開牠的喉嚨，但第一次沒成功。因此磨刀的時候，山羊就暫時被放下來。一被鬆開，山羊就跑去吃草，好像什麼事也沒發生。那一刻她明白了自己跟山羊的差別。換成是她，肯定會精神受創。但山羊沒有這種存在的焦慮，當下牠雖然害怕，但恐懼過了就過了。

這只是個令人印象深刻的小故事，但科學研究也證實了這樣的說法，並提出一些警告。第一，動物各有不同，比方創傷對狗的影響就比對山羊深遠。此外，重複虐待動物確實對動物是種折磨，因為牠們的壓力荷爾蒙會一直處於活躍狀態。儘管如此，這並不違背一個基本的觀察，那就是：動物顯然遠比人類更活在當下，因此暫時的痛苦或不適對牠們不至於造成深遠的影響。

這就是為什麼至今我還沒聽到能說服我不該吃蝦子的動物福利主張。蝦子的神經系統太低階，可能還體會不到我所說的受折磨的感覺。相反的，豬或許就有，但這表示我們不該在飼養過程中讓牠們受折磨，而不是我們應該從此不再殺豬，即使那會對豬造成短暫的痛苦（但也應該盡量避免）。

那麼介於中間的動物呢？比方魚。魚躺在甲板上窒息而死時，是否正在受折磨？還是牠只意識到當下，體驗到一連串的痛苦，就跟剛剛提到的失憶症患者一樣？這個問題可能問得不好，因為它暗示答案只能二選一，但我們有充分的理由相信所有生命都是連續體，物種的能力沒有清楚的界線，只有程度上的差別。應該說，在同樣的情況下，魚受折磨的程度多於蝦，但少於海豚。如果受折磨牽涉到一定程度的自我意識，其中結合了記憶，以及自身是一連串經驗的主體的認知，那麼某些物種顯然比其他物種更容易有受折磨的感覺。

當我們在考量該如何衡量痛苦時，也不該忘記痛苦是所有動物生命中不可避免的一部分。對我們獵捕的野生動物來說，死在我們手上不比其他死法差，甚至常常是更好。野生動物不是整天過得逍遙自在，然後縮在角落裡平靜地死去。如果牠們是獵物，很可能會死在獵食動物的尖牙利爪下，獵食動物可不受良心或福利法的約束，不可能讓牠們盡快解脫、平靜死去。被慢慢撕開之前，牠們通常會被咬著拖來拖去，有時長達好幾個小時。要是生了病或瘸了腳，牠們就只能慢慢等死，所以很難說直接射殺牠們會不會比丟下牠們造成更多痛苦。

給牠們過像樣的生活

堅持畜牧對動物造成不必要痛苦的人，忽略了一個事實：在管理有方的農場裡舒適過活的動物，所受的痛苦比一輩子在野外生活的動物少；後者沒有獸醫為牠們治病，也不太可能死得乾淨俐落。找部野生動物的紀錄片來看，你就會發現野生動物為了吃飽要互相競爭；幼獸多半出生幾個禮拜就死去；弱者很容易被淘汰，不是被獵食動物叼走，就是被更強悍的兄弟姊妹搶走食物。這樣看來，在管理有方的農場出生的動物簡直像中樂透，過著在野外闖蕩的表親望塵莫及的生活。

然而，什麼才是管理有方的農場？從動物的觀點來看，這是可能的嗎？思考這個問題時要注意一點，我們都對有益動物的環境有些概念，不外乎少量動物在寬敞的畜欄或場地上過著自由放養的生活。只要看到不那麼自然的環境，我們就會覺得這些地方不合格。

拿我到索美塞特郡的雪普頓麥里鎮（Shepton Mallet）參觀的一座農場來說。羅傑．朗文製作的美味白湖起司所需的牛奶，很多都是這座農場供應的。我去參觀那天，乳牛正在外面的草地吃草，但我也看到乳牛冬天住的大牛棚。有好幾個月的時間，乳牛會住在這個看似馬廄的地方，睡在稻草堆上。但朗文很肯定地說，其實牠們比較喜歡這樣。草地到了冬天變得泥濘又冰冷，連人類都寧可待在家也不想在外遊蕩，牛群當然也喜歡整天坐在稻草堆上吃草。那是牠們最愜意的時光。想像《神奇的旋轉木馬》裡那隻母牛多渴望徜徉在原野間，其實太過天真了。

朗文也坦承，冬天快結束時，牛棚裡的乳牛就會開始躁動不安。「春天把乳牛放出去時，你會看到牠們在草原上跑來跑去、跳上跳下，那畫面很美。但隔天再把牛放出去，牠們臉上的表情像是在說，」朗文邊說邊表演，「『什麼？要走那麼遠才能吃到草！』」另一位酪農也證實了同樣的現象，他說牛隻迎接春天的雀躍大約維持半個小時。冬天被關在室內的乳牛，跟上課被關在教室的學童一樣，都不會因此受到創傷。「到牧場上看看，你會發現牛其實不太動，」朗文說：「為了好玩跑來跑去的是人類。」有些動物確實不喜歡被關起來，需要建立自己的地盤。這類動物就不應該被關在畜欄裡，但悲慘的拘禁生活這樣的說法並不適用於所有農場動物。

這可不是農人為了自己方便而找的藉口。「冬天來了，乳牛就準備要到室內過冬。春天來了，牠們就準備到外面吃草，」動物福利專家蕙貝琪說：「牛才不想待在冬天的草地上，把乳房泡在爛泥裡，尤其更不喜歡下雨和狂風，那是牠們最可憐的時候。」然而，有機標準卻盡量拉長乳牛待在「自然」環境的時間，這一點就如蕙貝琪所說，可能「矯枉過正」。尤其「讓幼畜在惡劣氣候中待在野外，就只是在迎合法規，因為牠們根本不該把跗關節泡在爛泥巴裡」。

另一個浪漫畫面是：擠奶女工坐在矮凳上輕輕幫乳牛擠奶。現代擠奶機很難激勵人心：一個金屬盒連著多條管線，尾端一圈橡膠，靠真空汞帶動擠奶。看起來就像現代醫院的設備，沒人想把這種裝備連在身上。但朗文說，擠奶機「不是把乳汁拉出來，而是輕輕擠壓。手工擠奶反而比機器更容易傷到母牛的乳頭」。

農場的另一邊角落住著山羊，得獎的白湖起司就是用這裡的山羊奶製成的，蕊秋起司、小奔馳起司（Little Wallop）和白南西起司（White Nancy）都是。同樣的，你可能以為這些山羊都在外面吃草，其實牠們都待在大型的畜欄中。原因是如果放牠們在這一帶自由活動，牠們身上就會爬滿羊本身沒有自然抗體的寄生蟲。對山羊來說，待在室內吃飼料，比到室外找到什麼就吃什麼更健康安全。

這個羊棚也戳破了我們的另一個浪漫想像。山羊最近剛生產完，少數體質較弱或胎死腹中的屍體還躺在棚子裡，等著被送走。這景象有點可怕，但羊群沒有任何痛苦的表現。

對願意花時間觀察的人來說，用正確的方式飼養牲畜，給牠們過像樣的生活，並非遙不可及的一件事。這不代表我讚賞的這種飼育方式已經很普遍。舉例來說，雖然英國和歐盟已經提高了動物福利的標準，但蕙貝琪告訴我，全英國的乳畜有兩成二不良於行，且幾乎都是飼育方式不良造成的。而最糟糕的工業化飼育方式，是把幾千隻牲畜從早到晚關在動彈不得的擁擠畜欄裡，令人怵目驚心，而且根據彼得・辛格和吉姆・梅森在其著作《吃》（*Eating*）中的紀錄，這種情況在美國仍然十分普遍。

另一個問題是，現代農場的動物很多都配種到極限，就算想過像樣的生活也難。一旦脫離行之有時的不當飼育方式，這些動物就無法存活，而這也反過來合理化此種飼育方式。眾所皆知的例子是肉雞，這種雞成長速度太快，腿甚至無法支撐身體，要是自由放養必死無疑。較少人知道的例子是荷斯登牛（Holstein），也就是英國最常見的乳牛。蕙貝琪告訴我，這種牛被大量餵食，分泌大量乳汁。牠已經喪失吃得少就會分泌較少乳汁的本能反應。因為需要攝取大量營養，所以採用飼養的方式可能比放牧好。世界農業關懷協會的菲利普·林伯里（Philip Lymbery）向我解釋：「乳牛在密集的基因改造下，產量較高的品種光靠吃草已經無法存活。」

朗文形容這種現代乳牛品種是「超級運動員」，從「火箭燃料」中攝取營養，以超高效能為人類生產糧食。鴿子農場的麥克·梅里奇也用同樣的比喻指出現代作物和動物的問題。他說：「現代品種就像超級運動員或法拉利跑車，跑得很快但也很精密，所以一個地方出錯很快就會全部垮掉。相反的，以前的品種比較像驢子或拉車馬，或許沒那麼快，但非常耐操。」這裡的道德問題不是該如何對待動物，而是我們選擇了何種飼養方式，害得這些動物過得如此悲慘？

此外，以為動物與生俱有享受大自然生活的權利，關在兔籠裡的兔子一定不快樂，兔子就應該住在野外的兔子洞裡，這樣的想法也是一廂情願的浪漫想像。農場動物生來就有明確的目的，我們不該認為農場剝奪了牠們的自由，害牠們無法隨心所欲生活。牠們的生活天生就跟農場緊緊相繫，例如多塞特綿羊的一生就是在農場上生產小羊。又好比家貓不會想一輩子在外流浪，不然早就離家出走了。

我經常從畜牧業者口中聽到另一種謬論，次數多到令我驚訝。這些人常說，農場動物原本就是要養來吃的，所以殺了牠們也無所謂。就算我們養人是為了奴役人，也不會讓奴役人這件事變得合理。動物是養來吃的這個事實，不會把屠宰動物變得正當合理，但這件事確實需要被合理化。

同樣似是而非的一個說法是，沒有農場就沒有農場動物，所以人類持續飼養農場動物才是對牠們有益的。沒有個別的利益就沒有整體的利益。如果我們得在讓一個物種絕種和讓牠們在痛苦的環境中存活下來兩者之間二選一的話，那麼救牠們並不是在幫助牠們。是否該飼養農場動物，重點是飼養本身並無違反個別動物的利益或天性，而不是為了維持該物種的數量。

想一想什麼樣的生活對動物才是像樣的生活。我們沒有理由認為農場無法提供這樣的生活，即使很多農場至今仍做不到。那麼像樣的死亡呢？雜食者無法否認一個事實：每頭開心挖土的豬或悠閒吃草的羊，最後都會皮開肉綻掛在鉤子上。這就是我親自把朋友養的豬帶去屠宰場的原因：為了親眼看見整個過程。我在本章提出的論點雖然讓我開始吃其他人道養殖的動物，但我一直還沒試過豬肉。由於心裡還有種種擔憂和疑慮，所以不吃某些肉應該可以提醒我人類跟動物之間的相連性，不忘記動物也是值得尊重的生物。據說豬很聰明，我還聽說豬進屠宰場之前會察覺異狀，不肯進去，不像羊完全無動於衷。在我吃豬肉之前，我需要更加確定我吃下的豬在飼育和屠宰過程都受到人道對待。

善待牠們跟吃牠們並不矛盾

對豬比對其他農場動物更難以釋懷的，不只我一個人。我在托摩頓遇到當過豬農的艾絲黛．布朗（Estelle Brown）。她後來改吃素，因為「無法為了滿足口腹之欲就覺得可以屠宰那麼聰明的動物，況且本來就不必要」。有隻豬對她的影響特別大。這頭鞍背豬可以打開農場上的每道柵門，除非你拿走鑰匙。他們甚至裝過用螺栓固定的特殊「防豬鎖」，但「牠用嘴巴一轉再轉，最後學會怎麼解開螺栓，把門打開。而且牠不只讓自己出去，也放其他動物出去」。

在畜欄看見我要帶去屠宰的小豬時，那畫面確實觸動了我多愁善感的一面。豬有說不出的可愛，牠們的嘴型跟人的笑容很像，很討人喜歡。然而，當牠們被趕進小貨車時，牠們有限的智力也清楚擺在眼前。要阻止一頭豬往某方向走，只要有「擋豬板」就可以了，其實不過就是一塊硬板。豬一看到板子就會以為是無法穿越的牆壁。拿板子擋在你不希望牠走去的地方，牠連試都不試就會走開，即使牠力量大到可以撞開板子。豬或許很聰明，但也沒那麼聰明。

一到屠宰場，豬群就從貨車上小跑步到「刑場」，也就是等候屠宰的地方，但在這裡還不見任何焦躁不安。這裡是布里斯托大學裡的獸醫學院，設備很現代，空間一點也不擁擠，並盡量減少豬隻在裡頭的時間。帶頭的屠宰員柯林同時也在大型屠宰場服務。他告訴我，大型屠宰場不一定比較糟，給豬壓力的是人，不是其他動物，所以機械化的大型屠宰場對牠們反而比較輕鬆。

屠宰過程本身很有效率，我在現場看竟然也不覺得痛苦。首先，四頭小豬會被送到「致昏區」，然後兩兩被送去致昏。致昏設備（上面標明是人道屠宰協會贊助）長得像特大號的鉗子，內側有金屬鋸齒，屠宰員使用前會先刷一刷測試。同仁把豬隻輕輕固定就位後，屠宰員就會拿鉗子夾住豬的脖子，大部分的豬都會立刻一聲不響昏倒在地，只有少數會發出微弱的叫聲。接著他在豬的後腿綁上鏈子，並吊上懸空輸送帶把豬送走，豬在輸送過程中會因反射動作而抽搐。

跟我的想像不一樣的是，等在一旁的豬對自己和其他豬的命運渾然不覺，即使剛被致昏的豬近在眼前，有時甚至還有身體碰觸。有隻豬對眼前兩個同伴發生的事無動於衷，甚至還試圖騎上同伴的背。假如把這想成牠知道自己死期將至，所以要盡情享受在地球上的最後時光，未免太過一廂情願。

輸送帶把豬從牆上的輸送口送到主要處理區。到了那裡，另一個人會割開牠的喉嚨，大量鮮血瞬間湧出，但工作人員輕易就躲開。豬會掛在原地一會兒，底下是用來接血的Rubbermaid牌橢圓型黑桶，這些血會直接丟棄，不會拿來做血腸。這個工作區域的白牆上有新鮮的血跡，讓人想到幫派電影。

接著，有人解開豬身上的鏈條，將牠浸入一大盆滾燙的水中攪一攪、戳一戳，等到牠身上的毛髮和腳上的指甲輕輕一扯就脫落時，就能進行下個步驟。不斷旋轉的鐵條把豬鏟起，放在隔壁的平台上。平台像馬鈴薯電動去皮機一樣劇烈震動，去除豬身上的毛皮，期間發出的聲音和震動是屠宰過程最令人不舒服的環節，雖然豬這時候早就死了。透過布滿血跡和毛髮的半透明塑膠簾，看著仍然完整的豬隻，感覺很像看著活生生的動物遭受折磨。

震動停止，豬滑到水盆另一邊的金屬平台上。兩個人抓著豬的兩端，拿著刀子和刮刀清除剩下的毛。接著，豬又被掛上鉤子吊起來，用水沖洗，露出光滑的屠體，屠宰員沿著腹部劃下長長的一刀，取出腸子和內臟丟掉。過去這些內臟會用來填充廉價的加工食品或飼料，但目前歐盟為避免傳染性海綿狀腦病擴散（俗稱狂牛病）已經禁止。然而，這表示豬身上有更多部位得丟掉，帶來的收益減少，豬肉價格勢必跟著提高。

好了，屠體完成，接下來是切割。整個屠宰過程就像煉金術，把活生生的動物變成我們食用的豬肉，但沒有一個確切的轉變點。或許豬跟豬肉之間沒有清楚的界線也好，畢竟我們通常不會在坐下來享用豬肉時討論這些。

我在更衣室脫掉工作服，出去之前我跟獸醫學院的一位科學家小聊了一下。他認為吃肉的人都該去參觀屠宰場，之後才有資格買肉。甚至有人進一步主張，我們不該吃自己不忍心殺的動物。但言行一致並不是要你吹毛求疵，若是如此，那麼所有面對開心手術會噁心想吐的人，也不該從這種手術中受惠。屠宰動物跟我們文化仰賴的許多事物一樣，都不是輕鬆愜意的工作，沒有理由不該花錢請某些人代替我們從事這項工作。同樣的，我不認為有勇氣看屠宰過程的人比沒勇氣的人更有資格吃肉。那可能只顯示出那個人心腸比較硬、比較冷酷，或對這種事比較熟悉。

我的看法是，對於像我這樣的都市人，聽聽在第一線飼育及屠宰動物的人怎麼說，對克服我們的感情用事和無知，以及培養真心關懷動物的態度很有幫助。「我們跟食物鏈離得太遠，」托比亞斯．瓊斯（Tobias Jones）說；我帶去屠宰場的豬就是他養的。《快餐王國》（*Fast Food Nations*）這部電影裡就有個實際的例子。片中用戲劇方式呈現了密集養殖業和肉品加工業的黑暗面。最震撼的一幕在最後面，也就是屠宰場地板的畫面。

然而，片中揭露的所有作業中，這是唯一所有肉品業都一定會有的畫面，不管多麼人道都一樣。發人省思的是，屠宰過程中最自然的部分，卻也是觀眾覺得最不舒服的部分。

熟悉確實可能導致麻木，使人對一般嫌惡的東西變得習以為常。更激進的動物解放論者會告訴你，就是這種心理機制讓平時人模人樣的德國納粹能在集中營工作。但我訪問過的人當中，沒有一個人對動物福利無感。

舉我的一個義大利親戚來說。他會花上一整天的時間殺豬、切肉、做成義大利薩拉米香腸。但對他來說，「豬是一種高貴又聰明的動物」。發自內心對動物的親暱感，使他更尊重動物。而現代都市生活讓這件事幾乎不可能發生。常聽人說，你要是知道香腸或臘腸裡面是什麼，你就不敢吃了。但最清楚狀況的人並不這麼認為。

在屠宰場裡，大家都就事論事，但不表示他們忘了自己處理的是活生生、會呼吸的動物。把豬趕進屠宰場時，他們會暱稱牠們「小豬」、「小髒鬼」、「親愛的」、「小香腸」、「小子」或「小肉丸」，這些小名呈現人類對牠們的喜愛，也暗示牠們日後的命運。跟我在更衣室裡聊天的獸醫學家很嚴肅地看待屠宰這件事，甚至覺得把非食用部分丟掉是不道德的。實際割開牠們喉嚨的人也認為把豬倒掛、血從脖子湧出的畫面很血腥，他說他不吃自己宰殺去皮的兔子。機械式地宰殺動物、關閉感情線路的人，不會有這種感覺，也不會說出這樣的話。

很多養殖業者都為必須在屠宰場結束動物的生命感到難過。朗文說他不忍心殺掉飼養山羊必定會有的副產品——沒人要的小公羊，因為「牠們太可愛了」。最奇特的是，帶著我朋友養的動物去屠宰場的女人，她本身在培育稀有品種豬，但她是個素食主義者。凱特其實入行前就吃素，因為她「無法忍受走進超市購買那些我知道未經人道方式生產的肉品」。這種習慣越來越深化，現在她甚至不忍心吃自己飼養、屠宰的動物。

在我看來，跟動物一起工作的人，具備了食用肉品需要的一種美德：同情心。在這裡，compassion 的字源很有啟發性。Passion 是感覺，com 是一起，也就是一起感覺。這種情感根植於最基礎的道德情感中，可說是所有道德的基石，那就是同理心。同理心讓我們採納別人的觀點，理解他人也跟我們一樣有好惡、悲喜、懷抱希望，也終會死去。同理心需要理性，也需要感性。如《巴頓芬克》(*Barton Fink*)片中的某個聰明角色所說，「同理心需要理解。」沒有理解，我們會輕易相信自己苦人所苦，實際上卻只是自我想像的投射。另一方面，對他人或他種生物毫無感覺，只以理性理解他人的觀點，也是種缺憾。我們需要理性與感性互相聯手，這也說明為什麼以避免受苦和尊重生命為基礎的抽象動物保護論點仍嫌不足。這種論點不只在邏輯上站不住腳，對活著和受苦的論述，往往缺少了科學證據以及動物生死過程的第一手資料。

當然，沒有人真正理解豬或牛的感受，但科學能幫上某種程度的忙。從動物行為，以及動物與人類的中樞神經系統的差異來看，最合理的結論是：動物的確具有人類的某些感受。認為人可以不管動物的福利，因為牠們只是麻木不仁的畜生，就某方面來說，這麼想的人才更是麻木不仁。

但科學也只能幫到這裡。一個經驗老道、採用人道飼養方式的農人，說不定比動物系的畢業生更懂得判斷動物過得好不好。我認為好農人對動物的同情心，應該作為我們這些跟動物關係疏遠的人的模範。從他們身上我們學到，善待動物跟食用動物這兩件事並不矛盾。

素食者的兩難

我甚且會更進一步說，從某方面來說，素食者對動物的尊重甚至比不上很多肉食者。真正的尊重是接受你所尊重的事物的真貌，而不是你想像的樣貌。例如，尊重跟你不同信仰的人，你必須接受兩種信仰之間的差異確實存在，而不是假裝對方也跟你一樣信奉上帝，只是用了不同的方式。同理，尊重一隻小羊就表示你必須接受牠不是披著綿羊外衣的小寶寶，牠在所屬的物種中自有其特別之處。而人類以外的動物幾乎都有一個共同點，那就是牠們安於現狀，沒有對未來的計畫、對過去的遺憾，或是對自身或當下以外的存在的看法。他們逃避死亡只是出於本能，不是因為想實現未來的夢想。因此，快速殺掉一頭動物並沒有剝奪牠們企盼的未來。

接受自然界的這個事實可能會令人很不安。我們都知道沒有目的的生活會引發存在焦慮，有被虛無壓垮的危險。當你發現世界充斥著數十億有感覺的動物，牠們是死是活對世界的差別不大時，更難免會有這種感覺。要理解充斥在你我之間沒有目的的生命、受苦和死亡就很難了，更何況是接受。素食主義賦予動物王國高於一般認知的地位，讓這世界以及在裡頭的生命顯得更有意義，這可以是克服存在焦慮的一種方式。相較之下，選擇吃肉似乎就顯得太粗鄙。

而慈悲的食肉態度，我稱之為「動物福利主義」，是有別於素食主義的另一種倫理的展現。這種倫理拒絕把世界看成容納了抽象、超驗價值的地方（例如生命神聖不可侵犯），但又不退回單純唯物主義的掙扎中。它不否認動物的生命有其價值，但也不誇大這份價值。願意屠宰及食用動物，表示我們願意接受死亡是生命的一個事實，以及重要的是活著的時候如何活，而非無限延長生命。因此，吃肉其實是在肯定生命，它確立了有限生命的真正價值，不添加其他虛無飄渺的成分。

所以對我來說，各種問題都會導向同一個結論。死在獵人手中的野生動物，不會比死在其他動物口中或通常也會痛苦的自然死亡更糟。假如農場動物不比野生動物遭受更多痛苦，那麼牠們也算擁有難能可貴的美好生活。很多農場和屠宰場還沒達到這樣的標準，我們有充分的理由應該設法終止讓牲畜受苦的不人道飼養方式，但送到我們面前的很多肉類、野味、家禽和魚類都通過了這個考驗。

我告訴朋友，對動物福利採取更嚴格的標準之後，我決定吃更多肉。他聽到時笑了，多半是在笑我，不是為我開心。乍聽之下很矛盾，但吃肉牽扯到的倫理很複雜，許多出發點都很了不起，而現在我認為素食主義（和魚素主義者）以動物福利為由拒絕吃肉，其實比一般人更標準不一。從動物福利的觀點來看，食用擁擠雞籠裡產下的雞蛋跟密集擠乳的牛奶，比食用人道飼育和屠宰的小牛肉更糟糕。

由此看來，奶素者最無可辯解的道德標準不一，就是默許酪農拆散母牛與小牛，然後殺掉小牛。所以當你在喝牛奶時，你就是在支持酪農殺掉小牛，這跟吃牠們的肉沒有兩樣。這是令很多素食主義者不安卻又無可否認的事實。他們緊抓著「常識」不放，堅持吃肉和吃起司之間必定有道德上的差異。但常識通常不過是習而不察，在這個例子下甚至是一種迷思——殺掉動物再吃掉牠比沒吃掉牠更糟糕。非要說的話，應該恰恰相反：較之於善用動物身上的每個部分，殺掉動物再將之丟棄顯得更不尊重動物的生命。

以關懷動物福利為根基的素食主義犯了前後不一的毛病，若毫不留意蛋及乳品的來源更是如此。而提倡素食的團體有時也因為此種邏輯缺陷，而被迫掩蓋這個難堪的事實。以出現在英國許多商品上的「素食協會認證」標章為例。該協會要求認證的雞蛋都要是放養雞生的蛋，但雞所受的待遇是否高於法定最低標準就不得而知了。（不過倒是有保證不含基因改造成分，但這與動物福利無關。）從道德的觀點來看，我認為這很荒謬。舉例來說，不含小牛胃膜的起司可獲得素食協會認證，而含有小牛胃膜的起司則不行，即使乳汁用來製造素食起司的母牛，可能比胃膜被拿去製成非素食起司的小牛活得更悲慘。在這種情況下，若你在乎動物福利的話，寧可選擇素食起司也不選非素食起司，反而是本末倒置。然而，對素食協會來說，其中的荒謬無可避免。因為如果要考慮的是動物福利本身，而不是食物是否含肉這個簡單的問題，那麼素食主義就會站不住腳。所以協會充其量只能對動物福利輕描淡寫地帶過。因此，他們在給我的聲明中說：「素食協會深知許多素食者十分關心酪農業的動物福利標準，尤其希望避免買到不見天日（即零放牧）的乳牛生產的乳品。有鑑於此，我們在網站上提出建議。」

素食主義當然還有其他倫理基礎，一個就是環保。理由是把土地變成卡路里的過程中，肉的生產效率低於作物，也會製造較多溫室氣體。然而，從科學證據來看，最環保的選擇不是不吃肉，而是少吃肉。原因很簡單，那就是有些天然資源人類不能吃，但動物可以。有些土地不適合種植作物，但很適合放牧綿羊、乳牛或山羊。廚餘、淘汰的作物和人類不宜食用的副產品，都可以當成豬和雞的食物。完全不飼養動物會空下大片土地，採收的植物也會浪費掉；而如果不捕魚，就需要更多土地才能餵飽我們。[39]

合乎道德的素食主義或許還有其他動機，但如果重點是動物福利，那麼為了立場一致和符合科學證據，要不就得選擇全素，要不就得轉而成為慈悲的、慎選肉品的肉食者。我說過我找不到吃全素的理由，那麼唯一合乎道德的選擇，就是當一個無愧良心的雜食者。

雖然我說過，從尊重生命的立場來看，以動物福利為基礎的素食主義的道德立場最不一致，但這不表示素食者在吃肉這件事上的道德立場也是最有問題的。當然不是。這個道德階梯最底層的，是完全不在乎動物福利、亂買亂吃的人。這類人一貫的冷淡態度並不值得稱讚。素食者起碼很嚴肅看待動物所受的痛苦，也試圖要採取行動。藉由採取「不吃肉」的大原則，素食者對動物造成的痛苦已經比一般人少太多。他們起碼把同情當作生活的一種美德，即使這麼做導致他們選擇了一個有瑕疵的原則。然而，要讓同情心發揮最大作用，我們不能忘記同情不只是一種感覺，它同時也要受理性和證據的指引。

道德布滿了陷阱，即使我們已經深思過某個議題，可能還是會錯得離譜。但我們不能迴避一個事實，那就是我們都有選擇權，可以選擇固執不變或盡力而為。我想盡力而為就很好了。我寧願自己是困惑不解、前後不一、因為道德立場而遵守不完美甚或過於簡化的規則，也不願意當個道德無感的人。道德立場本來就是介於全心相信和漠不關心

39 Bob Holmes, 'Veggieworld: Why Eating Greens Won't Save the Planet', *New Scientist*, issue 2769 (20 July 2010).

之間的無止盡探問。最重要的是有道德自覺，同時對我們採取的道德立場保持懷疑。

這世界確實是個道德不明的地方。例如在獸醫學院的餐廳裡，我認真考慮要點生平第一份培根三明治來吃，所以就問店家，餐廳使用的肉是否來自自家的屠宰場。結果不是。服務生認為肉來自Brakes，即本地最大的食品供應商。在我看來，諷刺的是，這間餐廳還對外宣傳自己賣的是公平貿易認證的永續咖啡，以及公平貿易認證的餅乾和蛋糕。餐廳對來自世界另一邊的供應商精挑細選，卻沒有選擇自家門口生產的人道飼養豬肉。跟我們大部分的人一樣，它展現了同情心，卻是不完整、有缺憾，而且未仔細檢視過的同情心。

羔羊肉漢堡

記得多年前我在書報上看到，當時地球之友的領導人喬納森．波里特（Jonathon Porritt）除了羔羊肉，幾乎吃全素。原因是羔羊對關心動物福利的人來說，是一種很安全的選擇。截至目前為止，戶外放牧仍是飼育綿羊最有效率的方式，所以密集飼養的綿羊在全世界不到百分之一。[40]有問題的是，綿羊從牧場到屠宰場的距離有時很長，畢竟進口活體動物目前還是很普遍，所以說，要買就要買本地羊肉。

羔羊絞肉是很好的食材，絞肉可能取自較難賣出的部位，所以這樣也算充分利用羊身上的每個部分。用羊絞肉來製作漢堡非常簡單。只要加些洋蔥末或蒜末，不需多做調味；喜歡的話也可以加點鹽、一些香草和適量香料。一般會加很多切碎的薄荷，但我加小茴香、香菜、奧勒岡葉和紅椒粉也非常對味。混合所有材料，然後揉成一球球再壓成肉餅。也可以用餅乾模型來定型。利用保鮮膜把每塊肉餅隔開。放進冰箱靜置幾個小時再拿出來料理，這樣肉餅就不會散開。你可以選擇燒烤或丟進不沾鍋裡直接煎，不用放油，因為肉餅本身的油脂很快就會流出來。

同樣的材料也可做成肉丸，最適合串在烤肉叉上烤。而且新鮮的羊肉可以生吃，所以不用非要烤得全熟不可。

40 Compassion in World Farming website, www.ciwf.org.uk/farm_animals/sheep/default.aspx

六、公平貿易作為一種選擇 Pay the price

用選擇抵制剝削

在從哥本哈根開往斯德哥爾摩的火車餐車上，我發現我點的冰沙的製造商就在我住的英國布里斯托，感覺有點奇怪。世界真是小。但擺在我面前的這杯水果冰沙，其實訴說著一個更小的世界的故事。故事從祕魯的芒果、厄瓜多爾的香蕉、阿根廷的柳橙、南非的蘋果和巴西的番石榴開始。這些水果都會在原產地榨成汁或壓成泥，必要的話會脫水濃縮，然後冷凍送往鹿特丹。在鹿特丹進行混合之後，裝進大桶子送往英國索美塞特郡的布里吉沃特鎮（Bridgwater）裝瓶，最後才會送到瑞典的長程火車的餐車上販售。自稱製造商的公司其實只是位在布里斯托的三人辦公室，水果從沒到過那裡。

這個例子清楚呈現了現代資本主義的全球化特質，還有號稱製造商卻沒有真的製造任何東西的奇怪現象。但天然飲品公司（Natural Beverage Company）證明了這個資本體系本身並沒有錯，重點是你怎麼使用它，因為這家公司的水果冰沙全都通過公平貿易認證。他們並沒有為了提供相對富裕的西方人廉價飲品，而剝削發展中國家的農民。相反的，這家公司支付了公道的價格，包括能讓農人過像樣生活的社會補助金，另外也幫忙當地籌措資金，興建學校和衛生設施。

聽起來很棒，但批評公平貿易制度的人認為，這麼做白忙一場也就算了，最糟糕的是，說不定還會造成實質的傷害。也有人肯定公平貿易達到的效果，但認為這是一種選擇性的慈善交易。我個人則認為，公平貿易不但可行，而且我們有購買公平貿易商品的道德義務，包括公平貿易和雨林聯盟等組織認證的商品，但不限於此。

我相信這裡的道德意涵很清楚，而且用一個簡單的思考測驗就能呈現：有個可憐人來敲你的門，說他得在二十四小時內還十英鎊給一家以剝削出名的地下錢莊，不然他就會被打到半死。剛好你正想把雜草叢生的院子清出一片地來種菜，這時如果你說：「只要你接下來二十四小時留下來幫我挖土除草，我就借你錢。」這樣合乎道德嗎？假設你多付他一點錢或少給他一點工作，也不至於造成你太大的損失，而且就算多付他一點錢也不會招來不好的後果，那麼答案當然是否。

這麼做明顯是不對的，原因用一個普遍原則就能解釋清楚，而且就連最支持自由市場的人應該都會同意這個原則：利用別人的需求，迫使別人為你工作，並盡可能壓低工資，是一件不道德的事。然而，同樣的事落到貧窮國家供應鏈末端的工人，甚至是已發展國家的低薪工人，我們卻無時無刻不在破壞這個原則。每當我們購買那些由薪資不足以溫飽，並往往在髒亂、甚至危險環境中工作的工人所製造的食品、衣服或電子產品時，就是在做這樣的事。

現在把二十四小時挖土除草的工作換成種咖啡。近幾十年來，咖啡豆的市價有時會掉到比成本還低，意味著咖啡農為了滿足西方消費者對咖啡因的渴望，實際上在做虧本的生意。由於大多數咖啡都在公開市場上交易，製造商只願意支付市場價格，不會理會價格對咖啡農造成的衝擊。到頭來，收購咖啡豆的廠商（之後再賣給消費者）就是利用咖啡農的需求，迫使他們接受壓到最低的價格。即使咖啡價格較高的時候，我們經常得付兩英鎊買一杯拿鐵，咖啡農卻還是付不起小孩的學費。

公平貿易的美德vs.商業貿易的不道德

各種公平貿易制度已經證明，不一定要消費者付多一點錢才能改善這個問題。付給工人和農人公道的價格，對零售價格造成的影響很小，因此有些主流零售商已經全面改售公平貿易商品，也不需要消費者負擔多出來的成本，例如某些超市的香蕉、雀巢的KitKat巧克力棒、Maltesers巧克力球、Co-Operative茶包。由此可見，公平貿易不再是中產階級的專利。即使有些公平貿易商品的價錢較高，也不表示我們就可以支持西方窮人為了取得廉價的商品，犧牲窮國農民的利益。就如傑歐・安德魯斯（Geoff Andrews）所說，財富和階級的論辯若是忽略「大賣場的廉價商品都是靠剝削發展中國家的勞工而來」的事實就不完整。[41]

我們應該知道，公平貿易認證不是公平貿易的必備條件。公平貿易標章是隸屬於國際公平貿易組織（FLO）下的國家組織（如英國公平貿易基金會和加拿大公平貿易組織）發放的證明。這是一個正式的制度，生產者和貿易商必須通過社會、環境和貿易的審查才能得到認證。除了保障生產者的最低收購價，也提供他們一筆額外的社會補助金。

加入這種制度要花錢，不見得適合每種行業，但制度本身絕對有利於跟生產者建立良好的關係，進而確保他們拿到公道的價格。很多精品咖啡烘焙業和茶商都用這種方式運作。消費者沒有外部審查的管道，很難知道業者是否達到對外宣稱的目標，這也是有認證制度的一個好處。但重點是，購買公平貿易認證的商品不是避免成為西方剝削者的唯一方法。還有其他方法可以查出一樣產品的來歷。

如前所述，公平貿易的美德和商業貿易的不道德清楚可見。跟青天白日一樣清楚。所以你可能會想說，我們怎麼可能每次購物都在剝削另一端的生產者？可以用來支持這種說法的理由有一長串，不幸的是，沒有一個說得過去。

第一個理由是，我們「剝削」的人跟其他當地人比起來並不窮。但以同樣的思維來

41 Geoff Andrews, *The Slow Food Story* (Pluto Press, 2008), p. 173.

推論，蓄奴也無可厚非，因為黑奴不比其他奴隸不自由。甚至也可以說，用不著擔心貧民區生活水平低落，因為那就是貧民區的常態。但這裡的重點在於，我們明明可以付多一點錢讓他們生活得更好，也不會對自己造成多大的損失，但我們沒有這麼做。

第二個理由是，供應鏈裡的某些廠商或許有剝削之實，但那不關我們的事。我們沒有直接付錢給全球供應鏈末端的工人，而且這些工人跟我們距離千萬哩遠。這種理由具有心理安慰的作用，但在道德上說不通。如果我拿著一把高科技步槍射殺了千哩外的某個人，並不會比朝三呎外的某人的胸口開槍更無辜。加害人和被害人的地理距離並非構成犯罪的要點。傷害是直接或間接造成的也一樣。如果我找了個雇用奴隸的建商，就跟我自己雇用奴隸一樣可惡。同樣的道理，雇人殺人跟親手殺人，都是犯下了謀殺罪行。

另一個似是而非的理由比較複雜一點。《捍衛全球資本主義》（*In Defence of Global Capitalism*）的作者約翰・諾伯（Johan Norberg）認為，「在典型的發展中國家，如果你能夠為美國的跨國企業工作，薪水就是一般人的八倍，所以大家都會排隊搶這種工作。」[42]

這裡頭其實包含了兩個常被混淆的理由。一是「這些工作都是他們自己選的」，所以不構成問題。二是支持自由市場的國家政策分析中心（NCPA）所說的，「爛工作總比沒工作好。」[43]

42 Nick Gillespie, 'Poor Man's Hero', interview with Johan Norberg, *Reason* (December 2003), http://reason.com/archives/2003/12/01/poor-mans-hero/1

43 National Center for Policy Analysis, Month in Review, Trade (June 1996).

先來看「工作是自己選的」這個理由。相信有人就是願意為五斗米折腰，會讓人心裡好過一點。所以碰到性工作者、血汗工廠的員工、戰死沙場的士兵、為你刷馬桶的清潔工，你總是可以告訴自己：他們做這份工作是自己選的，沒人逼他們。但以為只要他們願意就不成問題，這麼想犯了幾個錯誤。第一，人有時除了爛蘋果以外別無選擇。賣春就是一個好例子。或許有一些、甚至不少青樓女子並非不得已才去賣春，但在很多情況下，女性都是別無選擇才出賣肉體。以為女人只要不是出於被迫，把賣春當作職業就不成問題，這種想法未免太過單純。

第二，某些不好的選擇對一些人來說是最好的選擇。儘管如此，如果我們明明可以輕易提供他們更好的選擇卻不這麼做，就大有問題。發展中國家的工廠管理者不給工人充裕的時間上廁所、喝水，或是不遵守當地的法規、未達成健康和安全的規定等等，這種事時有耳聞。如果在這種地方工作仍是當地人最好的選擇呢？假如只要多付一點錢就能改善狀況，我們為什麼不這麼做？

自由市場擁護者提出的選擇，永遠不是唯一的選擇。例如，露西・馬丁涅茲・蒙特（Lucy Martinez-Mont）就在《華爾街日報》寫道：「禁止進口童工製造的商品會減少當地人的工作機會、提高勞工成本、打擊貧窮國家的工廠，以及提高負債。富裕國家會阻礙第三世界國家的發展，剝奪窮困小孩對未來的希望。」[44]沒錯，但我們不是要在維持

44 Lucy Martinez-Mont, 'Sweatshops Are Better than No Shops', *Wall Street Journal* (25 June 1996).

現狀或禁止進口這類商品之間二選一，也不是要在血汗工廠或西方水準的工廠之間做出抉擇。真正的選擇是，要讓這些人有機會靠像樣的工作維持像樣的生活，還是讓他們在惡劣環境下長時工作卻仍難以溫飽？

很多公平貿易健將都意識到這個問題。比方馬奎拉加工出口廠團結網（Maquila Solidarity Ntework）就建議：「不要鼓吹全面抵制童工製造的商品，因為光是取消關稅優惠，沒有其他補救措施，反而會害到想幫助的對象。」[45]設於英國的良心貿易聯盟就在基本主張中反對「招募**新**童工」（我加的粗體），呼籲加入會員的公司行號「協助推動政策和參與計畫，讓當地童工有受良好教育的管道，或讓學齡兒童繼續受教」。[46]

這裡的重點很簡單。惡劣的工作環境或許比沒工作好，但無法讓我們理直氣壯支持這種工作環境。另一種選擇不是什麼都不做，而是設法改善現況。如果吃得正確是種選擇，那麼父母就不該以有吃總比沒吃好為理由，只給小孩吃垃圾食物。

一切都是選擇

現在的問題是，公平貿易對剝削勞工提出的解藥引來許多批評，但這些批評都是從自由市場的思維切入。例如，亞當斯密學會（Adam smith Institute）就堅稱，公平貿易

45 'Child Labour: Do's and Don'ts, Maquila Solidarity Network website, http://en.maquilasolidarity.org/node/662

46 Ethical Trading Initiative Base Code, §4.1, www.ethicaltrade.org/eti-base-code

意味著「其支持的農民不需要尊重市場狀態，而實際的市場有可能在碰到全球產量過剩的情況下減少產量」。[47]《經濟學人》也認為公平貿易藉由「保障商品的價格」，鼓勵農民生產過量。[48]

這些批評往往忽略了一件事，那就是公平貿易保證的是最低收購價，而非最低收購量，所以不可能鼓勵農民生產過量，因為如果生產過量，農民就會面臨滯銷的問題。事實上，參與公平貿易的農民，只有三成的農收是透過公平貿易銷售。[49]公平貿易標章之類的制度其實是很出色的自由市場機制。公平貿易跟政府補助不同，後者會控制農產品的價格。相反的，公平貿易是消費者自願的選擇，其違背自由市場經濟的程度，跟你自願多付二十五便士在拿鐵裡多加一份糖漿差不多。至於購買公平貿易咖啡所付出的補助金（premium），不是對市場的抵抗，反而是對市場的倚賴。公平貿易商品的價格較高，只是因為消費者為了生產者的福利想多付一點錢。蘇西爾・莫漢（Sushil Mohan）在支持市場經濟的經濟事務學會發表的報告中就說：「實際的情況是，公平貿易在自由市場裡打開了另一種專業的貿易管道。公平貿易商品的市場法則、供需和競爭狀況，都跟傳統貿易方式一樣。」[50]

公平貿易所含的補助金，事實上比其他額外費用更低，也更合理。舉例來說，一般人為了買名牌或名人簽名的商品，願意多花很多錢。但我從沒聽過經濟學家批評愛迪達

47 Madsen Pirie, 'Misery Wrought by "Fair" Trade', Adam Smith Institute blog (6 September 2008).
48 'Good Food?', *The Economist* (7 December 2006), www.economist.com/node/8381375
49 Interview with Harriet Lamb, CEO Fairtrade International。另見Valerie Nelson and Barry Pound, 'The Last Ten Years: A Comprehensive Review of the Literature on the Impact of Fairtrade', National Resources Institute (2009), www.fairtrade.org.uk/resources/natural_resources_institute.aspx
50 Sushil Mohan, *Fair Trade Without the Froth*, Institute of Economic Affairs, Hobart Paper 170 (2010), p. 45.

T恤的價錢因為打設計師牌「高得異常」。消費者願意付錢的動機可以是為了價值，也可以是為了追求公平。現在已經有不少例子是透過消費者的需求去推動社會為勞工制訂公平薪資，而非完全由市場決定。連美國都有最低基本工資，倫敦也有生活工資；即大倫敦當局及其供應商必須付給工人在倫敦足以維持生活的工資。所以公平貿易並沒有扭曲供需法則，正確的說法應該是：我們需要供應者有能力維持其生活，於是我們就付給他們足以維持生活的工資。

有些人認為提倡公平貿易是在模糊焦點。他們認為，發展中國家最需要的是真正自由的全球市場。只要西方進步國家取消進口關稅、農業補助和其他破壞自由市場的措施，咖啡農要維持像樣的生活就不是問題。

這個論點犯了一個錯誤。現在我們面臨的問題不是全球貿易市場如果真正自由的話該怎麼做，而是該怎麼面對目前的狀況。更多國家打開門戶，很多發展中國家的農人就會比較好過嗎？實際情況並非如此。所以問題是，我們到底要購買壓榨生產者的扭曲市場所供應的商品，還是沒有壓榨生產者而取得的商品？哪個才是無愧良心的選擇很明顯。自由市場論者若真的在意倫理問題，就應該在鼓吹自由市場的同時，避免強化現行體系的不公。

所以唯一合理的結論是，我們對待發展中國家的生產者的方式，是道德上的恥辱，而且所有人都是共犯。我們的立場類似於蓄奴的社會，儘管不道德行為占據了經濟的核心，大部分人卻視而不見。就像十九世紀的奴隸制度，剝削勞工很長一段時間只是少部分人的行為，也經常被視為一種「必要之惡」，雖然曾經引起注意，但一般大眾都宿命地接受這是日常生活中少不了的一部分。可是終有一天，它會像種族歧視或男尊女卑等不公義的現象，被視為是一種錯誤而遭到淘汰，因為我們沒有差別對待發展中國家勞工的正當理由。況且，就像奴隸制度、種族歧視和性別歧視一樣，很多「常理」一經檢驗就會站不住腳。

面對這種不公不義的指控，我們很可能會跟奴隸的主人有相同的反應。我們覺得，因為受害者離我們很遠，而我們的冷漠只對他們造成間接的傷害，所以把我們視為大規模不公義的共犯太離譜了。畢竟現狀看來如此理所當然，而且喝咖啡沒什麼錯，於是我們就說服自己，像我們一樣的好人，不可能會利用制度欺壓人。所以我們自己當然也沒有這麼做。但這套邏輯搞錯了方向。它從假定我們自身的清白無辜出發，再往後推，但實際上我們應該直接處理自己所犯的錯。

前人犯的過錯太明顯，所以我們反而更難察覺這個時代出現的惡行。習以為常會沖淡惡行。每個時代都曾經把道德敗壞的行為視為理所當然。奴隸主不全是喪心病狂的人，很多還是自認或公認正直高尚的人，例如美國第一任總統喬治・華盛頓。在英國，奴隸制度直到一八三三年才廢除，女性則是到了一九二八年才享有跟男性同樣的投票權，種族歧視甚至到一九六〇年代晚期才普遍被否定。要有極大的道德自信，甚至是傲慢，才會以為我們是人類史上第一個沒有對社會不公義視而不見的時代。

當然了，連最偉大的哲學家也曾經跟所有人一樣盲目。休姆曾在一則惡名昭彰的註腳中寫道：「我不由懷疑黑人以及其他種族（有四、五種）天生就比白種人低等。」[51]亞里斯多德相信，「男人天生就較高等，女人天生就較低等，所以一個統治，一個被統治；這個原則必然延伸到全人類。」[52]

當我們自問哪些是不公不義的事，我們往往會回顧歷史或找本國以外的例子。但就如笛卡兒所說：「一個人花太多時間旅行，最終會對自己國家感到陌生；一個人對過往時代發生的事太過好奇，往往會對自己的時代極度無知。」[53]說得沒錯。全球糧食供應鏈的不公不義之所以延續到現在，不是因為在道德上站得住腳，而是因為人類心理的弱點。對此我也無法免疫。我積極捍衛自己的主張，也在某種程度上調整自己的行為，但我並沒有檢查自己買的所有衣服或食物的來源。這是世人皆有的弱點，但這只解釋了行為本身，並沒有合理化這種行為。我們要小心的是，這波新飲食復興運動端上的菜色看似美味可口，背後往往是以壓榨生產者為代價。如果我們相信追求公義是種美德，就不應該對光靠選擇就能抵抗的錯誤方式視而不見。

51 David Hume, *Essays and Treatises on Several Subjects* (1758). vol. 1, §12511.
52 Aristotle, *Politics*, Book 1, Part V.
53 René Descartes, *Discourse on Method* (1637), Part 2.

修道院馬芬

參考過一些相關的食譜之後（主要得感謝大廚休・芬利維登斯多（Hugh Fearnley-Whittingstall）），我整理出製作類似馬芬的小圓麵包的基本材料。這種麵包健康到簡直像修道院吃的麵包，所以我把它們取名為「修道院馬芬」。

材料如下：

二百四十克麵粉（全麥、白麵粉、斯佩耳特麵粉皆可）

五小平匙泡打粉（二十五克）

二分之一小匙蘇打粉

一撮鹽

兩大顆蛋（或一小顆）

二百五十克全脂優格

四小匙油

如果你用的是全麥麵粉，糖也加的不多，那麼這種麵包可以說是健康食物。你可以加進各式各樣的公平貿易食材，讓這種麵包更高雅，例如可可粉、巧克力碎片、糖、堅果、切小塊的香蕉、果乾或蜂蜜。如果你用的不是公平貿易商品，那麼這些材料就很可能是被剝削的農民生產的產品。

若想吃甜的，可以把一些麵粉換成糖，或把優格換成蜂蜜口味的優格，並視不同口味加入可可粉、杏仁粉，或兩種都加。堅果油會比蔬菜油更適合搭配其他味道。可以嘗試用果乾和堅果搭配肉桂，巧克力和榛果粒也行。

為了美味，你可能會用全麥麵粉，把四十克全麥粉換成燕麥，油最好選蔬菜油，例如橄欖油。接著加些可口的食材，比方節瓜、番茄乾、乾牛菌菇、起司（磨碎或切塊皆可），或是菠菜（煮過切碎並擰乾）。你也可以調整發粉的量，因為蘇打粉等同於泡打粉兩到三倍的效果。番茄乾、橄欖和羊奶起司是很好的組合，菠菜和起司也是。

無論你做的是什麼口味，一般都建議先把烤箱預熱到攝氏兩百度。接著，除了大塊餡料，把乾性材料放進大碗混合。拿另一個碗或塑膠盆把蛋、優格、油和蜂蜜（如果有加的話）打勻，然後把乾性材料加進去，用大平匙或抹刀輕輕翻攪材料，直到材料都混合均勻。祕訣是不要過度攪拌，當然也不需要攪打。把其餘的材料加進去，稍微再拌幾下，混合均勻即可。

用湯匙把拌好的麵團舀進馬芬模型，大約烤十八分鐘。把刀子或牙籤插進麵團，拔出時若無沾黏就表示烤好了；當然，如果碰到融化的巧克力又另當別論。你可能會發現第一次烤得有點太那個或不夠怎麼樣。下次再調整就好了。

七、二分法的危險 Loosen your chains

麥當勞＝跨國大企業＝萬惡資本家？

「美食主義者」（foodies）是保羅・賴維（Paul Levy）和安拜爾（Ann Barr）在一九八二年新創的詞，原本是用來嘲笑對吃極度熱中的人。這種人對吃有時虔誠到滑稽的地步。他們準備食物的過程就跟牧師主持儀式一樣必要而慎重；對食材帶有一種神聖的敬意；把美妙的一餐說成心靈的饗宴；不放過每個跟非信徒宣揚理念的機會。他們的聖經就是被奉為神廚的人所寫的神聖食譜。他們的信念也有一定的依歸，而且就跟教會的信條一樣，在任何時候都堅不可摧，同時也會因應時代加以調整。

這些特質多半只會讓人覺得好笑，比方一心相信荷蘭醬的正確作法只有一種。但許多美食主義者對食物的虔誠度，在某方面已經到了有害的地步。那就是他們把世界分成好／壞、正直／惡劣、純潔／墮落兩邊。只要有一點思考能力的人，都會欣然同意這不是個非黑即白的世界，而倫理問題之所以傷腦筋，正是因為中間有太多灰色地帶。然而，我們雖然明白這點，實際行動時往往就會忘得一乾二淨，畢竟活在一個英雄和壞蛋壁壘分明的世界，比相信每個人都有善有惡輕鬆得多。

目前跟飲食有關的最常見也最懶惰的道德二分法，就是相信當地的、小型的獨立商店和餐廳是好的，連鎖店就是壞的。某些跨國企業被妖魔化的程度令人難以想像，吃麥當勞薯條或喝星巴克咖啡的人得自白、懺悔和滌罪。在其他條件都一樣的情況下，棄跨國企業而選擇獨立商店確實有很好的理由。但這個合理的選項也不該變成霸道的鐵律。

「大」必然無當？

很多被妖魔化的大企業其實在企業的社會責任上表現不俗。麥當勞是一個很有趣的例子。它是反資本主義者最喜歡攻擊的目標，各方面都是眾矢之的，罪名從破壞亞馬遜雨林到害大家發胖都有。把麥當勞妖魔化得最徹底的例子，可以在《麥胖報告》（*Super Size Me*）這部娛樂性十足但也很可笑的紀錄片中看到。片中那位親切迷人的摩根・史柏路克（Morgan Spurlock）連續一個月只吃麥當勞，店員慫恿他買加大餐，不管餓或不餓他都來者不拒，以此證明麥當勞有多不健康。這個實驗愚蠢到極點。你也可以連續一個月只吃起司，只要銷售員問你「還要什麼嗎？」，就一律回答再來點起司，強迫自己全部吃光光。要是這麼做，一個月後你會比史柏路克發福得更嚴重，但這也無法證明起司銷售員強迫容易受騙的大眾吃下又鹹又不健康的飽和脂肪。有害的不是食物本身，而是飲食方式，任何營養不均、高油脂的飲食方式勢必都對人體有害。

事實上，從許多方面來看，英國麥當勞的表現都不差。英國麥當勞的動物福利紀錄好得驚人，還拿過三次英國皇家防止虐待動物協會的優良企業獎，以及世界農業關懷協會的優良雞蛋獎，因為他們使用的雞蛋都來自自由放養雞，而且已經行之多年。麥當勞不僅贊助動物福利研究，也不斷迎頭趕上研究成果，所以才會有我們之前提過的牧場優化計畫（提升孵蛋母雞的生活環境）。麥當勞有「很強的動物保護履歷」，世界農業關懷協會會長菲利普．林伯里告訴我：「跟人推薦麥當勞的含蛋餐點，比方蛋堡，會比推薦大街上其他非特定的含蛋餐點，讓我更有信心。」

跟你家附近的家常平價小館比較看看。這種小店很少費心挑選高於法定最低福利標準的蛋、肉和乳品。不是很多店家都像麥當勞一樣，只用雨林聯盟認證的咖啡或有機牛奶。此外，這些小店雇用的員工，很多都不享有被貶稱為「麥克工作」的薪資和福利。我第一份工作是在類似麥當勞的速食店非法打工，六小時輪一次班，中間只有十分鐘休息時間，而且不供餐。那年我十四歲，時薪是九十九便士，還比一些在當地的獨立外燴店打工的同學高。麥當勞甚至名列《週日泰晤士報》所稱二〇一二年最適合工作的大企業前十名。

這當然不表示我們都該衝去買大麥克漢堡來吃。我會希望等麥當勞提高牛隻的福利標準，再去買他們的牛肉漢堡來吃。即便如此，我還是不太喜歡把一堆甜食、調味過的碳水化合物、蛋白質和脂肪（切得大小一致）吞下肚，證明這些東西既好吃又對人體無害。所以這件事真正的意義是，大部分公司一直都做得比麥當勞差很多，我們卻獨獨唾棄麥當勞，實在可笑。

麥當勞已經習慣因為各種或真或假的小紕漏引來批評，因此變得有點神經兮兮。我花了好幾個月與英國麥當勞的資深管理團隊安排訪談，好不容易約成也是因為對方終於理解訪談內容只是要用在這本書上，跟新聞報導無關。「麥當勞這個招牌會讓你跟任何人的對話產生加乘效果，」企業事務部的資深副理尼克．席多（Nick Hindle）說：「要是你說了以其他廠牌或企業的標準來說還算客氣的話，最後卻出現在報紙的頭版，也不要太驚訝，」他這麼告訴新進的公關團隊成員。「可想而知，那會迫使我們進行一定程度的管控和訓練。問題是，過去這些經驗讓我們變得以退為進，毫無作為，只會防這防那的，簡直是場災難。」

到現在也是如此。我去了倫敦奧林匹克公園的大型麥當勞。要不是空氣中有一股鹹中帶甜的滾燙炸油的熟悉氣味，很容易讓人以為是某個很有環保意識的北歐設計公司的總部。這種味道已經變成大家都知道的少數氣味和口味之一。在這裡，一小時最多要服務一千名顧客，物流規模浩大，同時他們還打造了一棟奧運結束後可以徹底回收的建築，盡可能把用完即丟的速食變成永續產業。然而，奧運結束時，他們並沒有大肆宣傳自己總共服務了多少顧客，因為擔心公布數字會引來牟取暴利的指控，好像其他商家都是為了慈善或愛國目的才在奧林匹克公園設點似的。

市場的真相

大超市也是正義凜然的美食主義者的另一個攻擊目標，儘管幾乎每個人都會上超市。攻擊的理由不外乎不希望連鎖超市擠壓當地獨立商店的生存空間，把每條大街都變得一個樣。我百分之百支持這個遠大的目標，但如果當地人真的不歡迎超市，通常也就不需要進超市購物。舉例來說，我家附近有家好食商店（Better Food Company），正是飲食基本教義派會讚賞的那種在地商店：裡頭很多蔬果都是來自附近的社區農場，多半也都是有機商品，符合嚴格的環保或動物福利標準；很多從發展中國家進口的商品也是公平貿易商品；麵包則來自當地的手工烘焙坊等等。結帳櫃台擺著反對兩家連鎖超市開幕的請願書，但同一批在請願書上簽名的人，卻在連鎖超市開幕時用雙腳表示支持。儘管報攤上一疊疊《衛報》指出，當地民眾很多都反對連鎖超市進駐，但排隊人潮最多的不是好食商店，而是森寶利（Sainsbury）和特易購（Tesco）旗下的超市。

原因很明顯。首先，好食的東西比較貴。消費者選擇放進購物籃裡的東西，要不就是價格取勝，要不就是良心商品。如果不買一條一．四五英鎊的麵包大廠 Warburtons 的白吐司，那麼到好食買 Hobbs House 麵包店的吐司一條就要二．四五英鎊。你可能也會猶豫該不該花三．二九英鎊買一罐 Kitchen Garden 的手工三果果醬，畢竟大品牌 Robertson's Golden Shred 的果醬只要一．三五英鎊，而且容量較大，但每一百克的水果含量僅二十克，前者則有三十四克。可以這樣一一比對的情況並不多，但真正比較起來，好食的商品並沒有都比較貴。儘管如此，日常食物的價格基準都由主流廠牌決定，即使有經濟能力的人也會覺得買貴有點奢侈。其實很多小型蔬果店和肉舖的競爭力不輸超市，但現代人多半生活忙碌，講求便利，喜歡一次購足。

當然也有人認為工業化製造的食品看似便宜、效率較高，但無法永續發展。就如經濟學家所說的，這些食物的成本已經「外化」，也就是轉嫁給下一代、被壓榨的農民和農場工人。此外，採保護主義卻實效欠佳的農業津貼，也變相地壓低了商品的價格。因此，永續的、公平生產的食品之所以看起來昂貴，是因為我們早已習慣無法反應實際成本的價格。

上述說法道出了部分的真相，但這樣解釋問題稍嫌簡單。大量製造和配銷商品所能達到的效率，並非都是以犧牲生產者和地球資源為代價。超市一再證明，他們也能把原本價格高不可攀的商品，以較親民的價格推上市場。公平貿易商品就是一個很好的例子。我家附近的森寶利連鎖超市的公平貿易香蕉賣十八英鎊，但在好食商店大約要兩倍價錢。五種熱銷的主流巧克力有三種加入公平貿易，而且完全沒漲價，分別是KitKat、Dairy Milk及Maltesers。零售合作聯盟也開始向加入公平貿易的農民進口冬天的藍莓，價格跟其他競爭者都一樣。

我們對連鎖超市的偏見可能變得太理所當然，讓我們忘了超市明顯具有的優勢。超市的運送和庫存管理系統較複雜，這表示你想買的東西較可能有存貨且狀況良好。超市規模較大，這表示他們已經把利潤壓到營業額的百分之二到六，比大部分英國零售店都低。獨立小店無法靠這麼低的利潤存活。[54]雖然因為商品過度包裝引來批評（這樣的批評不無道理），但超市可以長時間保持食物的新鮮度並減少運送過程造成的損傷，因而減少了浪費。小雜貨店通常是批發商給什麼就賣什麼，但如果是受全國大眾監督的大型超市，就可以也往往必須更努力弄清楚食物的來源。同樣的，在編制大的公司，就算沒有工會，也比只有一兩名員工的小公司更容易爭取員工的權利。

當然還是有很多人認為，無論把超市馴服到什麼程度，它骨子裡還是一頭貪婪的巨獸。對某些團體來說，這個問題尤其難解，因為他們時常必須決定要不要跟大型連鎖超

54 Economic Note on UK Grocery Retailing produced by Food and Drink Economics branch, Defra (May 2006), http://archive.defra.gov.uk/evidence/economics/foodfarm/reports/documents/Groceries%20paper%20May%202006.pdf

市合作。例如，托摩頓食食在在運動不僅支持在地的生產者、零售店和外燴店，也在市區規畫小農地供人認養，收割的作物則任人拿取。Morrisons 連鎖超市想參與他們的計畫，食食在在運動因此面臨一個兩難：接受超市的幫助，會不會等於幫著連鎖店擠壓獨立商店的生存空間？秉持著實事求是但堅守原則的精神，最後他們接受了超市對某些當地農產的無條件贊助，但拒絕在超市設置托摩頓食食在在專區，展售在地農產。雖然這麼做能將產品呈現在更多人面前，但商品上了全國連鎖超市會讓人誤以為他們支持現存的糧食經濟體系。而任何吸引更多人走進超市、遠離市集的舉動，都跟他們的目標牴觸。

面對類似的難題，慢食英國分會採取了另一種方法：在 Booths 超市設置「慢食走道」。於是一些瀕臨失傳的傳統食物得以呈現在消費者面前，例如里斯谷（Lyth Valley）的西洋李果凍（一種英國榅桲糕）、坎伯蘭（Cumberland）的蘭姆尼奇（rum Nicky，一種糕點）、曼島（Manx）的燻鮭魚、莫克姆灣（Morecambe Bay）罐裝小蝦、溫斯里黛爾（Wensleydale）的生起司。「現實就是，」慢食英國分會會長凱薩琳．賈左里說：「這些人握有很大的權力，你無法假裝沒這回事。」既然如此，他們相信這樣的合作對小農的收穫會大於對小零售店造成的損失。幸好家族經營的 Booths 超市並非大型連鎖店，跟其他獨立商店有同樣的理念。

有時候把連鎖店推往正確的方向似乎能創造雙贏的局面。以販賣公平貿易的商品為例，有些人無法相信雀巢的 KitKat 巧克力通過公平貿易認證，因為數十年來不斷有消費者因為雀巢在發展中國家大力促銷配方奶以取代母奶，而發起抵制雀巢的運動。就我所知，雀巢很難讓強硬派的抵制者相信他們不是萬惡不赦的邪惡公司。無論如何，KitKat 獲得公平貿易認證意味著，數百萬賣出的巧克力棒能讓可可農和蔗農得到合理的利潤。公平貿易商品和良心商品不少，因此 KitKat 得到公平貿易認證並不會讓消費者的選擇減少，反而會擴大公平貿易的市場占有率。

世界農業關懷協會的菲利普·林伯里毫不諱言，他們很樂意跟不同規模的企業合作。「事實就是，漸進式的改變一定會漸進發生。我們希望企業開始漸進式地翻轉公司政策，也從中獲得回饋及成就感，並相信採取下一步驟及下下步驟也會有同樣的好結果。

「最常被誤解的故事就是大衛和巨人的故事。大家都想當大衛，因為充滿傳奇色彩，但這個故事之所以強大，就是因為在百分之九十九點九的情況下，大衛必輸無疑。為了動物福利和健康飲食，我們輸不起。我們寧可跟巨人和平相處，也不要當為了追求光環得屢戰屢敗的大衛。」

由消費者改變市場

我非常同意，也認為我們低估了一種可能：消費者可以改變市場的運作方式，以反映我們對食物的高標準要求。在新自由主義者眼裡，市場全知、全能，也很博愛，永遠知道正確的價格，永遠能打退那些「破壞」價格的舉動，讓所有商品回歸公平的價格。反對派則認為，市場殘酷無情且只顧追求最大利益，既藐視其他考量，也罔顧人類福祉。他們雙方都犯了一個錯：把「市場」當作一個有自身意志的獨立存在，但其實所有市場都反映了供需。追根究柢，問題在於我們需要什麼。有些需求以法規的形式出現，以順應普遍民意。但大部分的需求則來自消費者選擇購買的商品。如果消費者需要最便宜的雞蛋，市場就給他們這種雞蛋，叫動物福利閃一邊去。如果消費者需要自由放養的雞蛋，市場就會提供這種雞蛋。就像沃爾瑪（Wal-Mart）的乳品採購主任湯尼・艾羅索（Tony Airoso）在《食品帝國》（*Food Inc.*）這部紀錄片中說的，「其實支持有機或其他食物是很簡單的決定，就看消費者想要什麼。看到消費者的需求，我們就會做出反應。所以如果消費者的喜好很清楚，就很容易在後面推動，讓事情成真。」

麥當勞也是個消費需求至上的好例子。尼克・席多告訴我：「我們所做的改變，主要都是看消費者想要什麼、對什麼感興趣，由此來猜測消費者未來的喜好。」注意，這裡頭有期待的成分：一家反應敏銳的公司會想辦法找到風向，而不是任由強風把自己吹倒。而且因為企業名聲太重要了，所以死也不吃麥當勞（無論麥當勞有何長進）的社運人士，說不定能推動一些改變。席多說，不過「企業名聲不是我們唯一的動力」，公司不會因為受到批評就改變，除非這麼做可以創造足夠的銷量。

從實際層面來看，這表示公司所做的改變，就是消費者願意買單的改變。因此麥當勞才願意只用海洋管理委員會認證的魚，以及在茶、咖啡、兒童餐和粥裡加有機牛奶。不過席多也告訴我，麥當勞「不打算多花錢收購自由放養雞，也不認為那會刺激銷售。我們做過研究，所以我知道」。原因是英國消費者愛吃雞胸肉，但自由放養雞的雞胸要能夠符合成本，唯一方法就是雞的其他部位也要能高價售出，但目前沒有這種需求。同樣的，麥當勞也認為沒必要在奶昔和冰淇淋中使用有機牛奶，因為其他材料不可能都是有機的（尤其是使用品牌巧克力棒的短期促銷商品），所以這些產品不可能被當成有機商品銷售，也不會因此得到附加價值。

即使沒有消費需求，有些店家仍願意提高商品的道德標準。但大體上，商店還是會跟著消費者的需求走，所以他們供應的之所以是飼料牛，也是因為我們不打算為放牧牛掏出更多錢。若是願意，店家就會跟進。

願意客觀地就事論事的人會發現，有些連鎖商店在道德上表現得比大部分的獨立商店好很多。Pret A Manger 三明治專賣店就提供了學徒計畫給街友，並表示「我們不在乎學徒睡在街上或有前科。我們會把這些放在一邊，讓他們重新開始」。而且店裡每週都會送一萬兩千份賣剩的新鮮三明治給倫敦的街友。連鎖餐廳及熟食店 Carluccio's 是永續餐廳協會認證的一星餐廳，這可不是加入協會就能得到的獎勵。Waitrose 則隸屬於員工共同擁有的 John Lewis 合夥公司，利潤由員工共同分享。

你可能認為這些是特例，你還是相信通常企業規模越小，老闆、管理人、員工、供應商和消費者之間的關係就越好。以普遍的趨勢來說，這麼說可能沒錯。例如，《環境心理學期刊》(*Journal of Environmental Psychology*) 有篇驚人的研究比較了農夫市集和超市的不同，發現「兩邊出現的寒暄對話差不多，但農夫市集上的人際和知識交流較多」。[55] 話雖如此，也有不少人常在 Morrisons 連鎖超市跟結帳人員聊天，當然也有柑仔店的老闆根本懶得理你。

太執著於規模還有一個問題，那就是最強大的改革推動者往往不是有強烈意識的個別消費者，而是大型連鎖店。林伯里稱後者為「超級消費者」，他們「藉由選擇自由放養雞蛋等方式，使市面上的商品符合更高的動物福利標準。也因此讓一整批小農能以更好的方式維持生活」。

很多人都不想去思考食物供應鏈中的模糊地帶，我們也有可能太快接受了這些模糊

55 Robert Sommer, John Herrick and Ted R. Sommer, 'The Behavioral Ecology of Supermarkets and Farmers' Markets', *Journal of Environmental Psychology* (March 1981), vol. 1 (1), pp. 13-19.

地帶，把不同濃淡的灰色看成一大片無差別的灰色。承認道德的模糊地帶跟採取自由放任的相對主義不同，而且就算看見問題的複雜性，也不必然會讓人不知所措或逃避困難的抉擇。在其他條件相等的狀況下，我們確實有支持小店的充分理由，因為他們讓這個世界更豐富多元，也因為在最理想的狀態下，他們確實讓商業交易以最人性的方式進行。但其他條件很少相等，所以光是「在地消費、支持獨立商店」是不夠的。你必須主動發掘好店家，同時也不抗拒表現出色的連鎖商店。我們最需要掙脫的枷鎖，就是把飲食店或零售店看成非好即壞的簡化思維。

我想，以欣賞的眼光看待飲食倫理的模糊地帶和複雜程度，對於從「勇於求知」展開的第一部，是個很好的結論。追求真相的過程是勇敢的，因為我們會發現自己對知識的認知有多禁不起考驗。到底該怎麼吃、怎麼生活？很多我們最堅定不移的信念都離明確的定論還差得遠，所以我們應該樂於檢討並修改原有的信念。做正確的事有時感覺就像走鋼索，但如果只能選擇不走或掉下去，我們能做的只有盡可能維持道德上的平衡。

經典的量產食品

我的另一半坦承她喜歡罐裝美奶滋，勝過她姨婆做的新鮮美奶滋，即使她很確定從客觀條件來說，後者一定優於前者。其實她沒必要覺得愧疚，因為自製的不一定就比較好。我們必須誠實地說，有些食物還是量產的味道最好，而且有時還是跨國大企業製造的。

怎麼樣才算味道最好？這時借用柏拉圖通常幫助不大的「理型」（forms）論或許會有幫助。柏拉圖相信，所有實物都是該物的完美「理型」的不完美模仿。所以我們有馬的理型，而所有實體的馬都只是不完美的摹本。尋找完美的披薩或布朗尼（我尋找已久但仍未找到）的過程中，也會有類似的感覺。我們都知道一樣食物該有的味道，然後試圖找到最接近那樣的味道。有時候工廠製造的食物剛好就符合那種味道，因為有些食材最初就是規格化、大量製造的。

比方說，你可以自己在家試做 Bovril 牛肉精、Marmite 抹醬或 Vegemite 酵母醬，但要打敗大量生產的原始口味，機率幾乎是零。這些都是同類產品的第一品牌，因為它們某種程度上定義了所屬的那類食品。或許會有競爭者出現，但要做得比這些老牌子更好是難上加難。

這些品牌已經變成陳列架上的經典商品，因為那正是消費者要的口味。

汽水常被視為害西方人過胖的罪魁禍首，但大多數人都會喜歡至少一種汽水，而且握有完美配方的都是大品牌。你或許痛恨可口可樂和百事可樂，但喜歡汽水的人多半覺得規模較小、應該也比較合乎道德的品牌，味道就是比不上大品牌。

我記得有次在布里斯托的一家餐館裡發生一件有趣的事。那家餐館以當地取得的良心食材自豪，結果有個工人卻被同事派去買店裡沒進的可口可樂、七喜和芬達汽水。同樣的，我也在農夫市集看到小販在喝 Costa 連鎖咖啡店的咖啡。連獨立小店的捍衛者有時都會跟老大哥買東西，由此可見「小即是美」並非絕對的真理。真理曖昧不清，我們只能盡可能貼近它。

第二部

烹調

一頓飯早在動叉之前就開始了。

八、撕掉食譜吧 Tear up the recipes

別用標準規則取代個人判斷

一九九八年，名廚黛莉亞．史密斯（Delia Smith）在她的烹飪節目和食譜書上教人怎麼做水煮蛋，為現代英國文化史立下一個小小的里程碑。「我不敢相信大多數人都不會做水煮蛋，」她的同行蓋瑞．羅德斯（Gary Rhodes）譏嘲，引起一場全國性的論戰，「這是在汙辱他們的智商。」[56]

然而，在已發展國家中，越來越少人具備基本的廚藝，即使是公認擁有豐富飲食文化的國家也不例外。我義大利籍的舅舅、舅媽就說，我這一代的女性已經很少下廚，不是因為她們的丈夫或伴侶會幫忙分擔家務，而是因為即時餐和冷凍食品在義大利跟在英美一樣越來越普及。

要解決這個問題，顯然得重新教會大家下廚。問題是，這就意味著要提供食譜。傑米．奧利佛（Jamie Oliver）就親身示範了這個方法，二〇〇八年他成立「飲食部」，協助英國北部小鎮羅瑟罕（Rotherham）的人們擺脫電視餐和外帶餐。這是一種烹飪的金

56 'Kitchen Battle Boils Over', BBC News Online (26 October 1998), http://news.bbc.co.uk/1/hi/entertainment/201561.stm

字塔計畫，先教一小群人學會簡單的食譜料理，再鼓勵他們把食譜教給別人，這些人再傳給更多人，直到有益健康的飲食傳遍整個小鎮。可惜結果不如預期。

在我看來，問題的癥結就在於食譜這個概念。去問問我舅舅、舅媽那樣的人是怎麼跟媽媽學做菜的，你會發現他們從沒提到食譜這回事。我的義大利外婆就跟她其他同輩一樣，甚至很少用量匙或秤子。就像我舅媽說的，做菜就是靠「看」和「聽」。拿我舅媽的麵疙瘩「食譜」來說好了。首先她會把馬鈴薯壓成泥，打進一、兩顆蛋，然後再加麵粉攪拌成團即可，整個過程全靠經驗來判斷。用食譜取代判斷並不好，因為不同品種的馬鈴薯，甚至在不同時候收成或烹調的同品種馬鈴薯，含水量各有不同，所以使用的麵粉量並不一定。（這也是為什麼愛爾蘭薯餅的食譜經常分量不對。）

可見食譜就是問題的根源。標準化會扼殺判斷。一旦有了按部就班的步驟，下廚的人就不太需要自己下決定，也會侷限廚藝的發展。當你依賴的是寫下來的東西，而不是看到、聞到和嚐到的東西，你對廚房的掌控力就會大打折扣。因此，閱讀和寫作某種程度對下廚有害。識字的人越多，反而使會做菜的人變少了。

所以說，越來越多人不會做菜不是因為食譜太少，而是食譜太多。大家漸漸習慣依賴白紙黑字的指示。如果我們想復興家常料理這項技藝，依賴食譜才是我們必須解決的問題。這並不表示食譜全無用武之地，或是我們應該豪氣地把它丟掉，當它是愚人才需要的輔助。作家朱利安·拔恩斯（Julian Barnes）曾經批評那些說「我做菜不照食譜」，或「我會看食譜，但只是為了抓個概念」的人具有某種「優越感」。那往往只是「隨興而作的方便藉口，而且還是自我感覺良好的那種」。[57]

實踐的智慧淪喪

我們應該做的是鼓勵大家培養對食物的感覺，無論是否使用食譜。一道菜要加多少大蒜？看你有多喜歡大蒜而定。什麼食材最適合快炒？分量要多少才適當？那要看你的喜好，還有你手邊有什麼食材。一道菜的好壞沒有絕對的標準。

一般認為這種隨興的做菜方式是天才的專利。就跟爵士樂一樣，一般人都得先學會音階、熟練基本彈法，之後才能自由發揮。拿兩者來比較，說對也對、說錯也錯。對的是，確實要先打好基礎才能精進廚藝。錯的是，打基礎不一定跟練習琶音一樣單調無趣。比方說，對我的義大利親友來說，學音階就等於在學經典曲目，包括燉飯、蔬菜湯、義大利麵醬和肉醬，但永遠沒有一定的標準作法。一開始要根據自己的觀察（吸取別人的經驗）學會判斷，然後反覆練習，累積經驗。

現在要做到這點很難，原因之一是我們再也沒有一國或一個地區的經典菜色。大家

57 Julian Barnes, *The Pedant in the Kitchen* (Atlantic, 2012), p. 14.

不想先打好經典料理的基礎，只想學會電視名廚奈潔拉（Nigella Lawson）和奈傑（Nigel Slater）的最新食譜，還有黛莉亞教的今日特餐。一窩蜂追求創新和實驗的同時，歷久不衰的簡單料理卻被冷落在一旁，久而久之我們也就習慣聽從他人的判斷，把自己的判斷能力束之高閣。

這跟亞里斯多德所說的「實踐的智慧」（*phron sis*）淪喪有關。在現代世界裡，為了達到透明化和一致性這類值得讚賞的目標，我們越來越常用標準的規則取代個人的判斷。判斷力不再是決定一個人能不能進俱樂部、公司該雇用誰，或規定該多嚴格的條件。反正規則就是規則，無論情況為何，全體適用。表面看來或許很公平，卻捨棄了一個好的決定不可或缺的一環：個人判斷。

心理學家貝瑞．史瓦茲（Barry Schwartz）和凱尼斯．夏普（Kenneth Sharpe）認為，實踐的智慧淪喪對社會各方面都有負面的影響，因為我們日漸依賴「規定和誘因」以及「棍子和蘿蔔」，以確保事物「正確地」完成。無論是金融、醫學、教育，甚至出版這類創意產業，我們都不再依賴專家的經驗，反而大量仰賴試算表、檢核單和標準程序。然而，我們也漸漸發現，「用規則取代智慧是行不通的」。[58]

這種改變無遠弗屆，連食物鏈也受到影響。現代西方社會要求生產過程要達到一定的標準，這點可以理解。但標準一旦變成規定，判斷力和辨別力就逐漸淪為配角。更糟

58 Barry Schwartz and Kenneth Sharpe, *Practical Wisdom* (Riverhead Books, 2010), pp. 4 and 28.

的是，大家做一件事不再是為了達成目標，遵守規定也只是為了自身著想，把規定當作應盡的義務或該克服的難關。這表示即使是立意最良善的規定，也可能引誘人去鑽漏洞。所以餐廳老闆亨利·丁保畢才會說：「肉的問題就出在畜牧業複雜得超乎你的想像，所以一旦立下規定，總會有不肖業者設法用最省錢的方法達到規定，這樣總有一天會出事情。」

我訪談的餐廳老闆和農民們往往不是靠著合約的規定建立關係，而是靠著對彼此的信任。這很合理。畢竟規定會因個人的詮釋而有不同，你也不可能把時間都花在確認對方是否遵守規定上。要發展可長可久的良好關係，信任才是唯一可延續的基礎。而且你得放棄別人能受你控制的錯覺，信任你的合作伙伴才能達到目標。這麼做的同時，你不只信任他們的善意，也信任他們的判斷。換句話說，當我們不再尊重判斷力的時候，也失去了對他人的信任。

簡單但變化無窮的料理

在廚房裡，運用判斷力的最佳例子，就是某一類或許可以稱之為「簡單但變化無窮」的料理。這種料理的最大特點是，要做得好並不需要懂很多，只要掌握某些技巧即可。

每個文化裡都有這樣的料理，在印度可能是豆泥。在印度人面前千萬別說扁豆是枯燥無味的食物，這樣很不禮貌，而且對方說不定會跟你大談特談豆泥的美妙，還有各式各樣數不清的作法。就如同所有簡單但變化無窮的料理，對方八成會跟你說，沒人做的豆泥比得過他媽媽。

這種簡單但變化無窮的料理在義大利似乎特別多。義大利蔬菜湯和蔬菜濃湯就是代表，每個家庭和地區都有自己的作法，加的蔬菜和香草也不同。每個廚師也都有自己特製的麵醬和肉醬，也就是常吃也不會膩的義大利麵醬。

在英國，這樣的料理非烤肉餐莫屬。同樣的，理論上烤肉或煮馬鈴薯的方法不外乎那幾種，但不同家庭呈現的組合都很不一樣，而且對大部分人來說，自己媽媽做的永遠最對味。

這種料理會讓人上癮，因為原則上它簡單到輕易就能上手，但要達到完美又永遠差那麼一點點。這就是我迷上鷹嘴豆泥的原因。鷹嘴豆泥並不是我最愛或最常吃的一道菜，但是完美的鷹嘴豆泥是如此難尋。我認為最接近「完美」的牌子，是在倫敦輕易就能找到的牌子 Yefsis，特別是在希臘大道的賽普勒斯小店，我在那裡住過一段時間。Yefsis 的豆泥柔滑順口，風味迷人，相當可口。但它跟我以前在超市買的鷹嘴豆泥比起來，到底好在哪裡？我看了看成分標示，想也知道依序會有鷹嘴豆、芝麻醬、橄欖油、檸檬汁、大蒜和鹽，但後來我才發現芝麻醬占的比例很重。於是我又回去看超市賣的鷹嘴豆泥，發現其中第二多的成分竟然是蔬菜油！難怪味道沒那麼好。更奇怪的是，「減油」版第二多的成分竟然是芝麻醬。這表示所謂的「低脂」其實才是更道地的口味，而超市賣的一般鷹嘴豆泥其實都是用廉價蔬菜油填充的「加脂」版。從此以後，鷹嘴豆泥就成了我唯一會買的「低脂」產品。

鷹嘴豆泥基本上只有五種材料：鷹嘴豆、芝麻醬、檸檬汁、大蒜和鹽。但不同地方或不同廚師會自己調整比例，利用香料、橄欖油、甚至各式各樣的材料加以變化。所以搬離可以輕易買到 Yefsis 的地區之後，我就開始自己做鷹嘴豆泥。坦白說，成果還不錯，但永遠不可能達到完美的境界，因為不同的地方不可能做出一模一樣的味道。我可以精準量出各種食材的比例，但這麼做就違背了地方傳統料理的精神。所以檸檬酸一點或苦一點、大蒜辣一點或不辣一點、芝麻醬多一點或少一點，就不需要太斤斤計較。與其跟每次都不同的味道搏鬥，不如順其自然，每做一次就多學到一些，心裡很清楚每次做出來的味道都會不太一樣。我想這就是家常料理和量產料理的差別。媽媽（幾乎都是媽媽）天天做的豆泥、蔬菜湯或粥，味道就是特別好，無論再怎麼仔細觀察，還是很難複製那種味道。

因為如此，一碗簡單的鷹嘴豆泥總是提醒我，簡單的東西不一定容易，複雜的東西不一定很難。有時候，生活最大的樂趣並非來自異國的、奇特的東西，而是日常可見的熟悉事物。這同時也證明了，判斷力對做菜有多麼重要。

我們需要的是一種新的烹飪手冊，用寬鬆的建議取代硬邦邦的指示。值得一提的是，recipe（食譜）源於拉丁字*recipere*，意指「拿取」，跟直接複製或被動地接受不同。你或許已經發現，這正是我在本書中提倡的食譜方法。

比食譜更重要的是，我們應該全面復興判斷的技術，並給予尊重。科學的大幅進展讓我們欣然將精準的、量化的方法，視為所有理性判斷的模型。但越來越多人明白，即使是科學也少不了判斷。雖然結果終究要以客觀事實作為基礎才能站得住腳，但研究過程中經常要仰賴直覺判斷。

好的判斷或實踐的智慧，跟單純的「觀感」、甚至「好惡」不同，因為前者納入了客觀證據，並追求合理的解釋。同時，它也肯定在很多領域中，光靠事實和證據無法解決問題。因此，判斷就是把知識和它的立論基礎之間不可避免的縫隙填滿，而不是去製造或忽略縫隙。

有人認為這個概念很好，不證自明，畢竟不是所有事物都可以建立在科學、邏輯或實證的基礎上，所以判斷力當然不可或缺。但也有人認為這個概念太空泛。讓判斷力占有一席之地，就好像打開一扇門，把所有未經證明的主張和非理性迎進門。面對這種可以理解的擔憂，解決方法不應該是對判斷力關上門，而是盡可能守好門，阻止不良分子披著判斷力的外衣溜進門。

接下來幾章便嘗試運用實踐的智慧，藉此證明判斷也是一種理性的展現，非但沒有流於空泛之虞，甚至為我們點出一個事實：生命中最重要的事，很多都無法規格化、量化，也無法精準測量或規範，無論在廚房內或廚房外都一樣。

鷹嘴豆泥

做鷹嘴豆泥只需要將鷹嘴豆跟芝麻醬和橄欖油（可有可無）混合，再加些檸檬汁、蒜末和鹽即可；芝麻醬和橄欖油的量最多不超過全部的三分之一。用攪拌器攪打過後就可以上桌。嚐嚐味道，如果覺得這個太少或那個太多，下次可以調整。

至於食材，我之所以會買壓力鍋，主要原因是我以為用乾燥的鷹嘴豆會讓我的鷹嘴豆泥更成功。但就算有，差別也不大，所以後來我更常直接買罐頭。我還發現中東雜貨店裡賣的那種比較鬆軟的芝麻醬味道最好。你在健康飲食店買到的清爽芝麻醬也行，但還是有一點黏稠。如果你的鷹嘴豆泥太硬，就大膽地多加點水。

你可以在基本組合上加入各種變化。我自己喜歡加點紅椒粉和小茴香。德文郡艾許柏頓鎮（Ashburton, Devon）的 Fish Deli 店裡賣的鷹嘴豆泥加了柳橙和小茴香，味道一級棒。你也可以把其他豆子搗成泥，再跟香草、大蒜和各種調味料混合，比方皇帝豆加檸檬和迷迭香。新的組合等著你去開創！

九、傳統的真諦 Be inauthentic

延續傳統，但不堅持原味

每個傳統背後幾乎都有個神話。所有傳統的背後則是一個最大的神話：傳統就是人們一直重複做的事，就算不是從遠古以前，至少是從我們群聚在一起就開始了。當然，烹飪方式不斷在演變，所謂的「從以前到現在」的食物，不過就是指「我們記憶所及」的食物，但那樣的記憶往往不是很長久。然而，神話不敗，因為它是人們對「正統」的崇拜所不可或缺的；就吃而言，就是指推崇遵循古法、忠於傳統的料理和食譜。

要戳破這個迷思最快也最簡單的方法，就是瀏覽一遍「傳統料理」的食材表，看看一道傳統料理裡頭有多少新來的元素。義大利就有很多這類例子。[59] 番茄已經成了我們認知中義大利廚房的必備食材，但其實番茄直到一四九二年發現新大陸之後才傳入義大利，甚至到十九世紀中才變得普遍。義大利麵確實歷史悠久，早在馬可波羅時代之前就已經出現，但第二次世界大戰之後它才成為義大利人的主食，而且有段時間大家習慣吃煮得很軟的義大利麵，而不是現在流行的彈牙口感。番茄傳入之前，義大利麵通常會灑

59 見John Dickie, *Delizia!* (Sceptre, 2008)。

上起司或糖和香料一起吃。至於義大利香醋，可不是一般義大利家庭的常備調味料。

食材如此，料理本身亦然。「當人們說『這不是傳統料理』的時候，不管在什麼時代都有爭議空間，」義大利名廚洛卡泰利（Giorgio Locatelli）這麼對我說，當時我剛在他的餐廳享用了一頓美味的午餐，根本不在乎餐點本身傳不傳統。「義大利的情況尤其嚴重，因為食譜標準化之後，大多數料理都已經傳遍義大利，所以每個人都有自己的詮釋。」這個村子的湯跟隔壁村的湯之間的差異，可能只是有沒有加鼠尾草，但對當地人來說卻大大不同。

發現傳統建立的過程，比揭發傳統「沒有你想像的那麼古老」這件事更有趣。威士忌就是個精彩的案例。到蘇格蘭任何一家釀酒廠參觀時，廠方人員都會告訴你，酒的風味有七到八成取決於釀酒的橡木桶，而目前他們幾乎都使用美洲進口的波本桶。在西班牙雪利桶裡發酵的酒則比較甜而濃厚。兩種一起試時，就算不是行家，也會清楚察覺其中差異。於是你會想，選擇哪種釀酒桶反映了幾百年來從嘗試和錯誤中累積的智慧，以找出最適合各地威士忌的橡木桶。

但實際的情況沒那麼夢幻。蘇格蘭威士忌以前幾乎都放在歐洲橡木做成的雪利桶中發酵。當初拿破崙鼓勵大家種植橡木以建造戰艦，並限制可伐木的年齡，橡木供應量因而提高，於是這種橡木就成了雪利酒、波特酒和馬德拉酒的不二選擇。用這種橡木桶釀製的加度酒（fortified wine）在英國很受歡迎，釀酒商也樂於利用這些回收再利用的空木桶。

於此同時，在美國，由美洲橡木量產的橡木桶變得比歐洲製造的手工木桶更便宜，而且波本威士忌的釀造商也喜歡這種新的黑木桶釀出的味道。一九三五年，一道法令把這種普遍的偏好變成強制的規定，採行保護措施來幫助美國的林業者和桶匠。（編按：美國法律規定，波本威士忌必須使用全新美國橡木桶進行陳年，所以用過一次的桶子不能再用，於是這些二手的桶子正好賣給蘇格蘭威士忌業者來熟成威士忌。）因此在歐洲突然出現了大量低廉回收的美洲波本桶，取代了以前的雪利桶。蘇格蘭釀酒商抓住機會降低成本，也因此大幅改變了原來的威士忌風味。所以我們現在以為的蘇格蘭威士忌的傳統釀法和傳統風味，其實是為了因應市場變化而採取的投機措施。當初是因為外國的一項法令才加速這個變化，同時也讓波本威士忌有了一種大家熟悉的「傳統」風味及製造方式。[60]

傳統不一定好、也不一定真？

綜觀食物的歷史，這類因為政治和經濟的因素，而使得某種食物成為悠久傳統的情

60 這個故事我最初是在參觀蘇格蘭第二小的釀酒廠時聽說的，後來我拿這個說法跟Islay distillery Bruichladdish網站在2012年9月6日刊登的Why Bourbon Barrels? 比對過，網址www.bruichladdich.com/library/whiskey-casks-and-oak/why-bourbon-barrels

況比比皆是。以「道地」的英式香腸為例，它裡頭添加了麵包乾（一種沒發酵的乾麵包），跟其他歐洲香腸都不同。其源起是因為戰時實施食物配給制，為了把肉做最大的利用才加入麵包乾。後來肉販也不覺得有必要恢復成本較高的全肉配方。

還有一點要提醒，那就是傳統不一定就是好的。身兼雜貨商及電台主持人的查理．希克斯，引用了致力於復興失傳的「傳統」蔬果品種的喬伊．拉克漢（Joy Larkham）的說法，他表示人們不再種植某樣作物往往有很好的理由，很多都是因為不適合。

聽過傳統不一定好、也不一定真的故事之後，我們很容易迷失方向，甚至幻滅。難道傳統沒有一點意義和價值嗎？

重點是，我們要知道傳統基本上是活的、有生命的。某樣東西一旦不再有生命，變成像博物館文物一樣固定不變，那就不再是傳統，而是歷史遺跡。所以，舉例來說，蘇打麵包仍算是愛爾蘭的傳統麵包，但麵包盤（中世紀用來充當盤子的發硬麵包，可食用）就只是烹飪歷史的一部分。就算有人復興這種食物，它也只能算是一種飲食遺產，不能算是一種傳統食物，因為沒有延續不斷的習俗將它與過去連結，充其量就只是一種失傳料理的復興運動。

傳統和歷史遺產各有價值，雖然兩者有重疊之處，但還是不能混為一談。傳統反映了德瑞達（Jacques Derrida）指出的一種語言的面向：[61] 你發出的每個有意義的字，我

61 我對德瑞達有關語言的理解來自Simon Glendinning的*On Being With Others: Heidegger, Wittgenstein, Derrida* (Routledge, 1998)。

或其他人使用時也都能為人所理解。然而，這個事實讓一些人誤以為，我們反覆發出的每個字，必定都有它特定的意義或「本質」。但德瑞達要說的其實是，語言一再重複的性質，意味著每次一個字被使用時，其意義就會有些微的改變。每次重複的相似度都很高，所以才能為人所理解，但每次重複也都跟上一次不太一樣，所以一個字的意義不可能固定不變。就是因為如此，英文的 **dinner** 幾世紀以來才會不知不覺轉變意義，從很晚吃的早餐變成晚餐（或午餐，視社會階級和地區而定）。

傳統也是如此。比方說每當有人做「傳統」的耶誕蛋糕，成品都跟其他耶誕蛋糕大同小異，所以沒有人會懷疑那是同一種蛋糕。但兩個蛋糕不可能一模一樣，再加上時代、習俗、容易取得的材料和流行的改變，作法也會跟著改變。以英國的耶誕蛋糕來說，它是從一種葡萄乾布丁演變而來的。有時候食物就跟文字一樣，因為有人引進而產生大幅度的改變，就看大眾接不接受。但通常改變的過程是循序漸進且環環相扣的。想當初奶油就是因為會導致心臟疾病而引來疑慮，因此很多原本大量使用奶油的北義大利人，漸漸減量使用或改用橄欖油。此外，世界各地的人對於用糖也越來越節制。洛卡泰利說：「料理永遠在變化，所以傳統也跟著社會、跟著周圍的習慣一起改變。」

正因為如此，一道傳統料理與前人的作法大不相同，並無矛盾之處。我們不該被「原味呈現才是道地」的觀念給迷惑。當然了，搞清楚現代演繹的傳統美食跟原始版本有何不同，是一件很有趣的事。但這不表示越接近原味就越傳統。一道料理延續多久，比它從什麼時候開始更加重要。

如果我們都同意，傳統是在變化中延續下來的，而不是單純地保留古老的方法，那麼我們應該如何珍惜傳統？首先，由於飲食傳統是文化遺產的一部分，所以我們有義務保護它，不讓它失傳。這就是以地球管家自居的美德的另一種展現。從過去演變到現在的作法，往往有其智慧，況且摧毀傳統比開創傳統容易，所以我們應該致力於保存前人留下來的好傳統，這也是地球管家背後的保守論點。這並不表示傳統的東西就是好東西，或者傳統會留到現在一定有很好的理由。但這讓我們更加謹慎，也提醒自己，即使我們不明白一樣東西為何是現在的樣子，我們也應該假設它有一定的價值，直到推翻這個假設為止。

傳統的價值有些純粹是美學上的價值。每個文化都有其傳統料理，為全球美食帶來了口味多樣性。如果很多傳統都消失了，只剩下千篇一律的美式披薩、法式薯條和亞洲熱炒，這世界的飲食會是多麼無趣。若各大都會的大街上都充斥著一樣的跨國連鎖商店，這世界會變得很乏味；拿波里的披薩跟紐約的披薩吃起來一模一樣的世界，也同樣乏味。這也是為什麼要保有稀有品種的豬牛和家禽、古老品種的蘋果和洋梨，以及在地和當季農產的原因。忽略這些選擇，我們擁有的食物選項就會趨於窄化、同質性高、標準化，飲食文化的深度也將大打折扣。

最好的傳統不是往後看，而是瞻前又顧後

然而，諷刺的是，保存傳統的激烈手段有時反而扼殺了傳統。有生命的傳統永遠因地而異，甚至同條街上的不同廚房就會有所差異。從德文郡和康瓦耳郡對下午茶吃的司康（scone）要先塗果醬（康瓦耳郡）還是凝脂奶油（德文郡）各有不同意見就看得出來。可是一旦保護主義者把手伸向一種料理或產品，某種配方就會凍結在時間裡，變成固定的公式。這就是歐洲的PDO（原產地名稱保護制度）和PGI（產地標示保護制度）的一個缺點，即使其原意是要保護地區農產的特殊性。當莫札瑞拉起司或諾曼第卡蒙貝爾起司有了正式而明確的規定之後，創新就會停滯。標準化是僵化的另一種說法。當你否定了某樣東西成長改變的可能性，就等於扼殺並侷限了它的生命。

有關企業成長有句格言是這麼說的：不進則退。食物也不例外。學者作家約翰·迪基（John Dickie）告訴我一個活生生的例子。他在羅馬附近一個名叫真札諾（Genzano）的小鎮住過一年。「那是個擁有悠久飲食傳統的小鎮，尤其是麵包，」迪基說。那裡的麵包是長型的手工麵包，通常用柴火烤成金黃色，切成四分之一或對半出售。一九九七

年它榮獲歐盟的PGI標章。「結果馬上水準下降，」迪基說。大家一心只想達到而非超越最低標準，畢竟按照規定，產品不能跟PGI認證相差太多。「少數按部就班用山毛櫸木柴烤麵包的烘焙業者，被大多數追求產品簡單、好賣的烘焙業者牽著鼻子走。結果變成，如果你在義大利其他地方買到這種名為真札諾麵包的麵包，也就是義大利最初的麵包，那跟我吃過的味道簡直相差十萬八千里。」

由此可見，比保存某種產品更重要的是，將某種傳統延續下來。的確，傳統的火炬握在以傳統方式創造新產品的人手中最亮，而不是以創新方式製造傳統產品的人。拿史第奇頓起司來說，這是照著斯蒂爾頓起司的古法做成的藍紋牛乳生起司。斯蒂爾頓起司目前都要符合PDO的嚴格規定，也就是牛奶必須加熱殺菌。換句話說，斯蒂爾頓起司已經變成尼爾乳場的多明尼克．寇伊所說的「受到保護的既定的製造方式，跟傳統的斯蒂爾頓起司相差甚遠」。我會說，創新推出的史第奇頓起司才是更傳統的起司。

我們都應該在延續美好傳統的同時，也不剝奪它改變的權利。拿我去參觀的義大利山城奧斯塔（d'Aosta）的起司製造商為例。那裡多少仍用傳統的方式製造芳提娜起司（Fontina）。我見到製造商本人時，他正帶著牛群到山上吃草，再過一兩個月山上就會遍布雪花，到時候他會往山下移動，入冬之後牛群就在山谷裡吃飼料。

我們走進他的起司製造廠時，他正用傳統的凝乳切割器攪拌大銅鍋裡的牛奶和胃膜，底下則是用瓦斯爐加熱。過程快結束時，他把木製的凝乳切割器換成了電動攪拌器。同樣的，起司雖然放在老式木桌上收乾，卻包著現代的塑膠模具，而且他上下山靠的是四輪傳動車，而不是騾子。

雖然我認為保存仍在使用中的傳統就是為過去賦予意義的最佳方式，但這不表示與傳統相對的歷史遺產毫無價值。只要能保存或復興失傳或瀕臨失傳的食物，就是對「口味多樣性」的貢獻。慢食運動就透過「美味方舟」(Ark of Taste，在英國大家熟悉的是另一個比較無聊的名稱：被遺忘的食物）的活動，推廣這一類的食物。單粒小麥就是其中之一，我在前面寫過這種小麥的麵包食譜。撇開文化和飲食的價值不談，在這個傾向於把雞蛋都放在一兩個籃子裡，密集種植產量最高的作物的時代，保留一些小規模種植的另類品種，確實有益於生物多樣性。哪天要是有致命的病蟲害襲擊主流品種，至少我們還有其他品種可以用來培育有抵抗力的混合品種。

所以說，最好的傳統不是往後看，而是瞻前又顧後，把過去的好東西延續到未來，而且即使看到它改變、成長也不擔憂。在這種脈絡下，「正統原味」看起來像是一種被誤導的價值，這是我後來才慢慢發現的事實。由於我有一半的義大利血統，所以在成長過程中看見家人不時創新義大利的料理傳統，我其實頗為自傲。看到水水的紅蘿蔔肉醬（在很多英國家庭，這被當成是波隆那肉醬），我大可以覺得反感，不過那也只是因為它不好吃。事實上，我們在家吃的也不是傳統的波隆那肉醬，而且就跟七、八〇年代大部分的家庭一樣，我們灑在義大利麵上的帕馬森起司，其實是在義大利沒人會碰的罐裝起司粉。同樣的，我還是覺得披薩上面放鳳梨或印度咖哩雞很怪，但純粹是因為味道。如果我嚴格要求原味，就不會允許在披薩上放番茄、羅勒和莫札瑞拉起司以外的東西，連我超愛的酸豆和鯷魚也會被晾在一邊。

創新才能保持傳統的活力，但若欠缺對傳統的理解，創新反而會變成破壞。這樣的理解很難變成統一的規定，或許我們也不應該試圖把它變成規定。最好的理解需要我們的判斷力和實踐的智慧，但這兩者都無法百分之百精準。所以我們用「敏銳」這類字眼來形容在傳統中求創新的人，絕非偶然。因為比起理性思索，這種能力更像是一種感知能力。

像洛卡泰利這種義大利當代名廚，他了解義大利料理的精髓就是把相對少樣的優質、純正食材做最適當的結合。他同時也明白，有個核心的味道調色盤是所有一流料理的根本。在種種限制之下，他可以創造全新的組合，同時又不脫離傳統；這樣的創新之所以能成功，正是因為它從來就不是全新的東西。一個義大利人坐下來，看見一桌烤鵪鶉、瑞士甜菜、葡萄和栗子，或是風乾豬頸肉、黃菌菇、香醋和芝麻菜，就算他還沒嚐過，也會立刻認出這些菜屬於他熟悉且深愛的料理傳統。

可惜的是，因為人們對傳統的錯誤理解，所以很難踏上這樣的賞味之旅。洛卡泰利說，傳統確實有賣點，但那需要具有對「供需」的敏銳度，這表示不能過度挑戰顧客的期待，即使他們對道地義大利料理的認知已經過時。「在義大利，只要走進一間稍微像樣一點的餐廳，就一定會有生魚片冷盤，」洛卡泰利說：「那是現今義大利人常吃的一道菜，但在這裡就上不了檯面，客人會說，『我來他媽的義大利餐廳可不是為了吃生魚片！』」

對傳統保持高度敏銳，就是去了解周圍的文化，以及自己如何受文化影響，這樣在往前邁進的同時，既不會錯過大有可為的未來，也不會忽略歷史的足跡。如果原味在這樣的脈絡下有任何意義，那也絕對不是「維持原樣」或「固定不變」，而是忠於自己，也忠於對你潛移默化的優良傳統。

鮪魚燉菜

我不知道我對這道菜的詮釋有多「道地」，也不是很在乎。這是巴斯克（Basque）地區的傳統漁夫燉魚料理。我在畢爾包（Bilbao）教書時很愛吃這道菜。它的作法很簡單，一個鍋子就能搞定，吃完洗碗也很省事。

兩人份的鮪魚燉菜需要一兩根辣椒、一罐番茄泥罐頭、馬鈴薯（粉質比蠟質的更適合）、大蒜、紅椒粉，還有一罐鮪魚，長鰭鮪尤佳，因為味道比較適合這道菜，而且也是永續魚類。人數較多就照比例調整。

加熱油鍋（建議用橄欖油），然後放入辣椒末和蒜片。要切多大多小？各人喜好不同，由你自己決定。用中火翻炒，炒到辣椒變軟、但大蒜不至於焦掉的程度，然後灑些紅椒粉，同樣按照自己的喜好加減分量，滿滿一小匙會辣得很過癮，半小匙會增添一絲美妙的嗆辣味。把紅椒粉跟辣椒和大蒜拌炒均勻。接著加入番茄罐頭及馬鈴薯塊，分量同樣依你的喜好而定，多一點或少一點馬鈴薯都無妨。

燉煮時，水量至少要蓋過所有食材，所以你可以把番茄罐頭的醬汁倒進去。手邊如果有紅酒也可以加些進去，加點水也行。如果你希望比較像湯的感覺，就再多加些水。

小火慢燉要燉多久取決於兩點：一是你切的馬鈴薯有多大塊；你可能會覺得燉煮的時間比你想像的久，我自己通常要燉一個多鐘頭。二是你喜歡馬鈴薯多軟，我認為煮到馬鈴薯開始瓦解的時候最讚，但那只是我個人的喜好。

最後再把魚塊倒進去攪拌，用小火把魚煨熱。當然也可以用新鮮的魚，不過我認為魚罐頭的效果好很多。單吃即可，搭配新鮮麵包吃亦佳。

十、化科技恐懼症為科技的實踐智慧 Use the right kit

職人手感vs.機器量產

頂級蔬果供應商查理．希克斯有個煩惱。他很擔心不切實際的科技恐懼症，很容易阻礙好的概念。他另一種更生動的說法是：「為了反科技而反科技真的讓我想殺人！」

希克斯談到他去匈牙利參觀一家義大利香腸工廠的經過。裡頭的香腸都以傳統方法灌製。「材料都無可挑剔，每個環節都不馬虎，我們參觀了從頭到尾的過程，」他說。醃製過程都在高科技的廠房裡進行，可以徹底掌控決定醃製成敗的溫度和溼度。「以前醃肉都放在洞穴裡，」透過筆記型電腦操控溫溼度的人員說，「雖然知道適合的溫度，也盡量達到理想的溼度，但還是有約三成的失敗率。現在的失敗率則是零。溫溼度其實跟以前都一樣，只不過技術進步了。」對希克斯來說，如果利用科技能避免浪費三成的失敗品，不用才真的對不起良心。

我們很難接受現代機械真能打敗傳統製法的事實。我參觀過聖路卡德巴拉梅達（Sanlúcar de Barrameda）的一家雪利酒廠，他們堅稱是大西洋帶有鹹味的溫暖空氣使他們釀的酒別具風味。而在格拉納達的特雷韋萊斯（Trevélez），則是南地中海的溫暖空氣結合阿普加拉山脈（Alpujarra）的高海拔氣候，才讓當地的火腿成為世界第一。然而，仔細想想會發現，這些地方的物產之所以頂尖是因為空氣，那是科技出現以前的決定因素，人力無法改變，只有到最適合的地方才能達成。但能夠控制周圍的環境之後，確切地點就不再重要了。或許有些自然環境我們無力改善，但一定有一些可以。

當科學變得太陌生、太詭異時，即使是科技愛好者也會產生科技恐懼症。從消費者對基因改造食品的反感就可以明白這個道理。這年頭為基改食品說話，就像是在說自己崇拜史達林。

很多時候最麻煩的是，這已經變成一個兩極化的爭議。許多反對者堅持全面「反基改」的立場，把議題的正反兩面變成了簡單的支持或反對。雖然對我而言，有三個很好的理由支持我們應該避免目前正大量生產和研發的多數基改食品，卻沒有一個能夠合理地全面排除基改食品。

國際公平貿易組織主席哈麗葉．蘭珀解釋了第一個理由。「如果我們相信應該賦予農民更多權力及組成農會，那麼基改作物的問題在於，原本農民可以把一部分收成留到明年，但現在不行了。他們不能再像以前那樣掌控作物。」這是因為商業品種都掌控在大企業手中，企業把「終結者基因」植入種子，因此農民每年播種都得重新購買種子。

這些企業也販售能把作物以外的生物殺光光的除草劑。土壤協會會長海倫・布朗寧就說：「從過去到現在，基改作物都離不開企業掌控。」

第二個反對基改食品的理由是，大多數商業基改作物的種植方式可能有違永續原則。由於只有一種作物能存活下來，基改農場勢必會變成徹底的單一栽種，這樣的田地一定得噴灑化學肥料，沒有野生生物生存的空間。要長期維持這種田地的產量，唯一的方法就是噴灑更多化學肥料。這麼做就算不會造成危害，但成本還是很高，而且在這個鼓勵節能減碳的時代，反而要投入大量的高碳能源。

第三個理由是，基因改造工程會讓人類與自然展開拉鋸戰。對除草劑產生抗藥性的雜草早已進化，填補了前一代被消滅的雜草留下的空隙。大自然討厭空隙，而在我們利用科技快速撲滅雜草的同時，我們說不定也加速催生了更頑強的雜草。

以上三個問題或許已有解方，但我至今還沒聽到令人滿意的答案。不過這些或其他合理的反對理由有個共同點，那就是它們都不反對基改作物本身。問題在於基改作物的壟斷和特定作物的問題。全面反對所有基改作物的理由非常薄弱，說基因改造是人類試圖「扮演上帝」的指控更是可笑，畢竟人類選擇性地培育植物、決定植物生死存活，已經有幾千年的歷史。

遠離高科技，擁抱天然手工食品？

較值得嚴肅看待的反對理由是，我們無法確定引進新品種會對生態系統造成何種影響。確實如此，但這只表示我們應該更加謹慎。要是當初沒有引進新物種，義大利今天就不會有番茄，愛爾蘭就不會有馬鈴薯，印度就沒有茶葉了。像英國這樣的國家，幾乎所有物種都是某個時期從外地引進來的。有時引進的物種帶來災難，例如澳洲的兔子，但即使如此也很少導致文明崩解。

從上個世紀以來，英國的農業就引進了數千種新物種和品種。從一九三〇年代到現在，最普遍的方法就是讓植物密集曝曬在光和熱之下，加速自然突變的過程，然後選取表現較佳的作物，一再重複這個過程，直到出現理想的品種。如果這是一種全新的技術，培育出的作物也被貼上「誘導突變」的標籤，肯定會受到跟基改作物一樣的反對。

比較平衡的作法應該是慎選基改作物，甚至反對目前的商業品種繼續擴大，但不阻礙專家研究可能對人類有利的基改作物，尤其是非營利組織進行的研究。例如，黃金米計畫（Golden Rice Project）就是由洛克斐勒基金會贊助的人道計畫，試圖培育出內含維他命A的稻米品種，因為很多飲食中欠缺維他命A的窮人都以稻米為主食。抗旱作物也對降低糧食風險很重要，儘管用它來造福社會的組織並非目前的研究龍頭孟山都公司

（Monsanto）。以這兩個例子來說，或許都不需要大幅改變目前的耕作方式，而且密集使用殺蟲劑造成的意外副作用也不多。

這些事實對我來說都很清楚明瞭，但反對者往往百般不願承認基改作物有天或許能派上用場。連哈麗葉．蘭珀都說，公平貿易的標準（目前不接受基改產品）是「活的」，所以「必須持續辯論，以備在科技或壟斷情況轉變時調整觀點」。然而，海倫．布朗寧則堅持，有機運動要維持簡單的訴求，並「持續跟不同的強大勢力拉鋸，因為這些勢力會把基改食品帶進食物供應鏈，並大規模掌控這些基改食品」。即使如此，難道土壤協會不該表明，目前禁止基改食物只是暫時的？布朗寧說，「《每日郵報》後來在頭版頭斷章取義地說，『土壤協會說基改食物無害』。這就是這個世界的運轉方式，也是為什麼我們多半無法進行有意義的對話。」不幸的是，她可能說得沒錯。有機運動不得不介入政治，因為食物也是政治議題，有意義的對話因而變得更加不可能。

相對來說，我們這些較不受政治所限的人更能包容不同的聲音，但不是崇拜科技，也不是恐懼科技。我們需要的，或許可稱之為「科技的實踐智慧」（technophronesis），這種智慧讓我們在碰到科技議題時，能按照個別情況判斷創新是否有用，抑或只是多餘的浪費。

科技的實踐智慧不僅讓我們對社會面臨的飲食科技議題有更明智的判斷，在家庭層面也有幫助。廚房裡充斥著新科技，只不過廚房家電多半簡單而熟悉，所以我們已經不覺得那是新科技，例如拔塞器、開罐器、刨刀、電子秤、水壺和攪拌器。但廚房裡放的器具，很少用或從沒用過的通常比經常使用的還多，買下這些器具的人太容易受新器具誘惑，夢想著從廚房裡端出一道道自製的冰淇淋、水果冰沙、麵包、優格、起司火鍋等等。

然而，即使是傳說中最容易被打入冷宮的家電，一旦放到正確的人手裡，都會妙用無窮。榨汁機就是一個例子。我自己則是有台評價很高，但聽說很多人都丟在櫥櫃裡不用的家電：麵包機。這台麵包機品質一流，我很樂意在這裡公布它的型號是 Panasonic SD-255，也敢保證這不是置入性行銷。我已經持續使用了五年，如果時間掌控得好，午餐就能吃到熱騰騰的新鮮麵包。當然了，烤麵包時滿屋子香氣瀰漫，還能輕鬆製作出佛卡夏（focaccia）這類麵包，都是它吸引人的地方。這部機器符合好家電的要素：好使用、好清洗、成品令人滿意。重點不是它做出的麵包能不能媲美麵包師傅，而是它比你從超市買的大部分麵包還好。對我來說確實如此，至少在我家附近開了幾家出色的麵包店之前是。要不是後來換了新主人，它還會幫我做更多麵包，而且它幫我省的錢早就遠遠超出我當初買它的錢。而我的鄰居雖然跟我買了同一台麵包機，但到現在都還搞不清楚使用方法。

難道機器會贏過人嗎？某些勞力工作或許可以，但飲食不可能吧？我本來也這麼想，直到有次去訪問布里斯托的米其林餐廳 Casamia 的兩位人氣主廚：桑切以萊席亞斯兄弟檔（Jonray & Peter Sanchez-Iglesias）。在那裡得到一記當頭棒喝之後，我就改變了想法。跟大部分廚師一樣，他們說自己喜歡自我挑戰、創新、尋找最棒的食材等等。這時我順口提起我很讚賞他們在《餐廳》（*Restaurant*）這本業界雜誌上針對咖啡進行的圓桌討論，但我認為與會者中有雀巢膠囊咖啡的代表，而雀巢剛好又是贊助商，實在有點好笑。強瑞卻說：「一點也不好笑，你剛進門時喝的咖啡就是雀巢膠囊咖啡。」他帶我去看放在接待處後方的小機器。他說所有一流餐廳都有這台小機器，還包括米其林餐廳。他放進一顆膠囊，按下按鈕，一杯浮著完美克麗瑪（crema，咖啡上面一層薄薄的褐色泡沫，很多咖啡達人認為這是好咖啡的標誌）的濃縮咖啡就完成了。喝起來味道很好，口感滑順，略帶堅果味，而且不像一般濃縮咖啡那麼苦。

以前我不是沒有徹底翻轉過自己的看法，但先入之見當場被推翻，這還是頭一遭。我進一步確認，雖然說「所有」一流餐廳當然有點誇大，但確實很多高檔餐廳現在都提供咖啡機，包括值此寫作之際正在角逐全國最佳餐廳的兩家餐廳，一是 Ledbury；一是赫斯頓．布魯門索（Heston Blumenthal）旗下的 Fat Duck（肥鴨餐廳）。在法國巴黎，傳奇的米其林三星餐廳 L'Arpege 也是使用雀巢膠囊咖啡的米其林餐廳之一，主廚亞倫．

帕薩（Alain Passard）使用的有機食材都來自自家的生機菜園。連義大利也接受了這股膠囊風潮。我下榻的奧斯塔小民宿，廚房供應的是他們引以為傲的當地食物，咖啡則是Lavazza 的膠囊咖啡，這款膠囊咖啡機特還刻意設計得像傳統的咖啡機。其他像 Illy、Segafredo 和 Kimbo 這些公司也推了出自己的膠囊咖啡。這完全違反了食物代表的精神。我們不是應該遠離高科技，擁抱用天然、優質的食材做成的手工食品嗎？

膠囊咖啡對上手工咖啡

餐廳出現膠囊咖啡之所以不太對勁，部分原因是職人專業而創新的一面跟連傻瓜都會操作的機器顯得格格不入。但只要更進一步想，這個說法就會站不住腳。你的餐桌上可能擺著一瓶酒，等著服務生幫你打開，旁邊或許還有剛拿到室溫下切塊的起司拼盤。餐廳自己無法做得更好的東西就會外購，咖啡為什麼例外？就像全球四大名廚在二〇〇六年的「新料理宣言」上所說的，如果新東西真的對料理有貢獻，何不敞開心胸接受，包括新材料、新技術、新設備、新資訊和新觀念。這四大名廚分別是費倫・亞德里亞（Ferran Adrià）、赫斯頓・布魯門索、湯瑪斯・凱勒（Thomas Keller）和哈洛德・馬基（Harold McGee）。他們都主張，「追求卓越就必須對能透過食物帶給人快樂和意義的所有方式，保持開放的心胸。」[62]

一流餐廳之所以認為自己比不上膠囊咖啡機，不是沒有原因的。沖泡一杯好的濃縮咖啡相當困難，每個環節都有可能出錯。從咖啡豆說起。就算你買了上等咖啡豆，包裝一打開，豆子接觸到空氣後就會開始老化，磨成粉老化得更快。除非生意好，消耗速度夠快，不然餐廳供應的咖啡一定不夠新鮮。

再來，你得把適量的咖啡粉放進過濾器，然後用填壓器壓到理想的程度，兩個過程都需要判斷力，不可能每次都毫無差池。此外，咖啡機也要夠乾淨，出水的壓力也要調整得當，這在氣壓變化大的山區尤其困難。若店裡生意不夠好，機器裡的水保溫太久就會流失氧氣，就跟重複煮沸的水一樣道理。

綜合以上因素，一家餐廳能端出一杯像樣的咖啡有如奇蹟。確實，或許這就是咖啡愛好者堅稱好咖啡難尋的原因。而一般人都很無知，寧可用牛奶、砂糖和糖漿蓋過濃縮咖啡的苦味，所以餐廳也就如此濫竽充數。了解咖啡樣樣皆學問的咖啡達人，應該最能理解為什麼自動化往往是最好的妥協。好咖啡跟技術到位不可分割，因為所有關鍵因素都必須在嚴格的掌控中。

大企業會買進新鮮咖啡豆進行適當的烘焙和研磨，如果之後馬上真空封入膠囊，防止咖啡粉繼續老化，那就比大多數咖啡師超前了一步，因為膠囊咖啡就是比較新鮮。如

62 Ferran Adrià, Heston Blumenthal, Thomas Keller and Harold McGee, 'Statement on the "New Cookery" (2006), www.thefatduck.co.uk/Heston-Blumenthal/Cooking-Statement

果再花幾百萬元研發，精進煮咖啡的專業知識和技術，說不定就能設計出一款能控制適當水量在正確溫度和壓力下通過膠囊的機器，這樣就能把新鮮咖啡粉變成一杯完美的咖啡。

理論上這或許可能成真，但我們很難單用理論就打破成見。一般人仍然相信，在創造力的層面上，機器永遠不是職人的對手。以前大家對西洋棋也是這麼認為，直到IBM的超級電腦深藍在一九九七年擊敗棋王卡斯巴羅夫（Garry Kasparov），大家才改口說，顯然電腦很擅長這種事。一旦找到逐步達成目標的精準流程，自動化幾乎就成了必然的結果，只要它符合成本效益。以前用在西洋棋上，現在換成了咖啡。

總之，試過才知有沒有。如果一流餐廳認為咖啡師煮的咖啡更優，自然不會提供膠囊咖啡。這些美食天堂都不會偷工減料，畢竟他們有時甚至是一名廚師服務一名用餐者。雀巢膠囊咖啡本身做過無數次盲測，就因為他們對自己的產品有信心，才會欣然答應參加我辦的測試。

檢測地點在薩里郡 Pennyhill Park 飯店的米其林二星餐廳 Latymer，因為那裡本來就有一台雀巢膠囊咖啡機和一台傳統咖啡機。到餐廳用餐的人喝的是膠囊咖啡，點客房服務的房客喝的則是手沖咖啡，因為比較便宜，跟我們的直覺認知剛好相反。我們的樣品咖啡是由經驗老道的餐廳經理暨受過完整訓練的咖啡師布魯諾・艾森林（Burno

Asselin）負責。布魯諾跟我說明他為求公平所做的努力。他在測試前一晚清洗並保養了傳統咖啡機，並打算在煮咖啡之前開一包新的咖啡豆現磨現煮。我拿給他另一包沒作記號的咖啡豆當作對照組。這包咖啡豆是來自薩爾瓦多的錫安山莊園的精品豆，但不是專門為濃縮咖啡烘焙的豆子，而且四天前就已經磨成粉。如果受測者對這種咖啡跟其他兩種的評價差不多，那就表示所有關於水壓、研磨等等的要求全都是廢話，基本上咖啡就是咖啡。

四位受測者分別是咖啡館老闆、一個一天要喝十杯咖啡的顧客、一個咖啡迷，還有我的一個朋友。四個人試喝三杯濃縮咖啡的順序都不同，藉此抵銷先喝的那杯可能留下較好印象的效果。四人為咖啡打分數時可以寫筆記，但不能交談。我也喝了咖啡，但我打的分數不算，因為為了確認布魯諾充分了解試喝的過程，我預先知道了每杯咖啡的來歷。

把分數加總之後，我帶來的對照組咖啡確實遠遠落在第三名，第一名則是雀巢膠囊咖啡，而且還是兩位受測者心目中的第一名。這當然只是四個人的判斷，而且用分數評判這麼複雜的經驗難免有瑕疵。而這不過凸顯了任何客觀的觀察者在檢視證據時會得到的結論：無論你喜歡與否，跨國企業運用科技製造的咖啡不比手沖咖啡差，有的甚至更好。這個結論粉碎了職人手作永遠比機器量產好的信念，同時也提醒我們，即使不乏拒絕這類創新的理由，我們也該避免一味地反對科技。畢竟我們眼中的「傳統」濃縮咖啡機，其實在一九三八年才由阿基里・賈吉亞（Achille Gaggia）取得專利，在當時它想必也被視為一種顛覆傳統的複雜機器。

飲食的樂趣部分來自準備的過程

傳統派自我安慰的方法，就跟當初深藍打敗棋王時那些對人工智慧存疑的人如出一轍，也就是把咖啡當作一種獨特的創造力的展現，就像把西洋棋當作一種特殊的智能展現。總之，世界上有些事可以用電腦運算取代，但人類大多數的智慧和創造都不行，所以雀巢濃縮咖啡永遠不可能媲美大師的手藝。

真的是這樣嗎？只要看看一流餐點的最新發展，就會發現事實剛好相反。分子廚藝（molecular gastronomy）的基礎就是，相信掌握科技有助於創造新風味和新組合，呈現出傳統料理最精彩的一面。目前這個領域幾乎是神廚帶領的一流餐廳的天下。到費倫・亞德里亞掌廚的鬥牛犬餐廳（El Bulli）用餐，每人要價約二百八十五歐元，到赫斯頓・布魯門索的肥鴨餐廳用餐，不加酒錢或服務費，也要一百九十五英鎊。大家都願意花大錢體驗廚藝登峰造極的天才廚師打造的獨特餐點。

分子廚藝的合理發展就是高度的機械化。舉例來說，如果料理肉最好的方法是把香草和香料跟肉塊混合再真空包裝，然後放進攝氏一百三十度的熱水燉煮四十八小時，那麼只要能買到適合又便宜的真空低溫鍋，當地酒吧的新手廚師或任何人沒有道理不能用肉舖買來的肉，做出一樣成功的料理。

到時候，像亞德里亞和布魯門索這樣的廚師，或許會越來越不像傳統認知的廚師，比較像食譜設計師。他們會變成烹飪界的亨利・福特（Henry Ford）和詹姆斯・戴森（James Dyson），設計出一道道其他人只要遵照規則就能做出的菜色。如果你覺得這樣扯得太遠了，別忘了布魯門索早就設計出一系列菜色在連鎖超市 Waitrose 量產販售。還不夠有說服力嗎？那就找《美味絕響》（*El Bulli: Cooking in Progess*）這部紀錄片來看看。看了你就知道，原來亞德里亞並沒有在鬥牛犬餐廳做菜。他的主要工作是研發新菜色，尤其是餐廳關門進行「料理研發」的那六個月。即使在這段期間，他做的事主要還是告訴廚師可以做哪些嘗試，再給他們的實驗結果一些意見。餐廳本身其實只是一個精緻的生產線。有一幕是他在季節之初對餐廳員工說：「你們要像完美的機器一樣運作。」若是如此，一開始就使用機器或許更輕鬆也更可靠。餐廳的副廚、領班廚師和助理廚師，或許有一天會像汽車生產線上的工人一樣，被機器人取代。但至少製造過程機械化很可能會讓商品平民化，把客製化的奢侈品變成一般家庭都買得起的商品。

崇拜職人手感的人可能會用另一種想法自我安慰：雀巢膠囊咖啡和真空包裝肉或許能把優質飲食帶到每個人的家裡，機械化或許能超越一般水準，甚至打敗大部分商品，但一流料理還是需要人類的才能、創造力和熱情。

一個類似的論點是，量產的東西要盡可能迎合大眾的口味，但真正的好東西通常有其獨特之處，喜歡的人很喜歡，討厭的人也很討厭。我的咖啡試飲就是個好例子。我們給雀巢膠囊咖啡打的分數都不相上下，並形容它很「順口」、「好喝」，然而，餐廳老闆給的關鍵評語是「品質穩定」。這不表示它平淡無味，只是沒有獨特性或挑戰性。換句話說，大家不可能不喜歡，但很難愛上它。

相反的，第二名的咖啡更有餘韻和深度，略帶苦味，很多人不喜歡這種苦味，但對我來說那是濃縮咖啡該有的味道。雖然這是我和一天十杯咖啡的達人心中的第一名，但有一名受測者投下反對票，此人就是作家湯姆．查特菲爾德（Tom Chatfield）。他一針見血地指出，雀巢膠囊咖啡所做的事，就是系統化地把煮咖啡的過程中可能發生的問題給排除。例如，傳統濃縮咖啡上的克麗瑪通常只能維持兩分鐘，但如果你是愛喝冷咖啡的怪咖，別擔心，膠囊咖啡的克麗瑪過了十五分鐘都還在。運用科技或許能做出無可挑剔的完美料理，但同時也指向一個問題：有沒有可能超越完美？一罐完美的可口可樂比不上鬥牛犬餐廳的一餐，即使四十道菜中一道有瑕疵。唯有接受某種程度的不完美，才有可能超越完美。

這樣的考量多少可以解釋，為什麼我們仍然有看重職人手作產品的充分理由，但這不足以證明我們必須永遠把這類商品擺第一。實際上，這反而是對機器下了一道戰帖：不能光生產迎合大眾的產品，也要推出特色鮮明的產品。無論如何，這確實就是量產商品目前走的路，麥爾坎・葛拉威爾（Malcolm Gladwell）在TED演說中就提出了這種趨勢。他指出製造商已經不再生產「一體適用」的理想商品，例如消費者一致評價八分（假設滿分十分）的義大利麵醬。相反的，他們開始推出不同的義大利麵醬，給消費者更多選擇，雖然平均評價較低，但最高評價卻比以前更高。

這個過程的下一步，就是客製化的機械生產，即按照顧客的需求，用機器製造符合個別顧客喜好的咖啡、義大利麵醬或滷汁。廚師絕對無法做到這件事。因此，把獨特性當作捍衛職人手作的理由，終究會站不住腳，因為機器生產的下個階段，就是按照個人喜好量身訂作。

有個更健全的論點可以用來捍衛職人手作的產品。目前許多看法的問題在於其隱含了一個假設，那就是商品好壞的測試，取決於品嚐或使用當下的感覺。換句話說，測試結果是一種排除情境脈絡的經驗。這就是為什麼大家那麼重視盲測，但基本上那其實是一種扭曲失真的經驗，因為對我們來說，重要的不只是一次單獨的經驗，還有這個經驗和其他體驗的關係。

法國美食作家布利亞．薩瓦雷用一句話闡明了這個論點：餐桌上的樂趣不等同於飲食的樂趣。我們想吃什麼，不單純是由口味來決定。如果是的話，那麼每個喜歡濃縮咖啡的人都應該去買膠囊咖啡，因為膠囊咖啡幾乎一定比家用咖啡機煮出來的咖啡好喝。然而，我們之所以沒那麼做，原因不純粹是因為口味。首先是環保因素。喝膠囊咖啡當然不會讓西方人早已過量的碳足跡明顯增加，但我們沒有必要擁抱一種大量使用塑膠的科技，即使已有回收再利用的機制（無可避免會消耗更多能源）。拒絕咖啡膠囊不能拯救地球，卻是對美好價值的尊重和展現。

同樣的，機器（至少家用機器）代表一種浪費。昂貴的機器和昂貴的膠囊換來了咖啡品質的些微提升，但如果把飲用咖啡的經驗全部考慮進來，或許根本毫無提升。膠囊咖啡沖泡時不像平常那麼香，但香氣對享受食物來說十分重要，咖啡尤其是。不少人很愛咖啡的香氣，卻不愛喝咖啡，或者覺得咖啡聞起來香氣十足，喝起來卻不怎麼樣。

這又帶出另一個重點。飲食的樂趣有部分來自準備的過程，對喝咖啡的人來說，煮咖啡的過程有如一種神聖的儀式。把咖啡膠囊放進去再按下按鈕，對煮咖啡和喝咖啡的體驗非但沒有提升，反而削弱了原本的經驗。

飲食是一種人際交流

除此之外，還有社會政治層面的考量。一旦買下膠囊咖啡機，就等於跟跨國公司簽下咖啡供給的合約。這不表示這麼做你就是在剝削生活困苦的農民，但確實因此喪失了一個好機會，重建讓生產者和消費者之間產生更多連結的全球飲食經濟體。這樣你就不能直接跟合作社或個別莊園購買咖啡，也不能選擇（至少到目前為止）公平貿易咖啡。更常見的狀況是，你甚至不能跟在地的小雜貨商買咖啡膠囊。

由此看來，膠囊咖啡是一種疏離的科技，它讓生產者和零售商變得面孔模糊，也把煮咖啡的過程隱藏在塑膠殼內。職人手感之所以那麼受到重視，一個原因就是它強調製造者和製造物、雙手和食物，甚至是生產者和消費者之間的連結。如我先前所說，我們需要確實感受到某些交易是人際網絡的一部分。例如，現在很多酒吧常客會抱怨受雇的店長漸漸取代了酒吧老闆，店長單純是做生意，但酒吧老闆往往會跟顧客建立連結，而這也會反映在顧客對酒吧的忠誠度上。

這種人際連結也反映在餐廳最獨特的一面上。雖然我們是付錢買東西的人，但在餐廳你不只是消費者，也是客人。如果你享用了很棒的一餐，你會去感謝廚師，而不是廚師來感謝你。說餐廳是「讓人賓至如歸的行業」，絕對不是老掉牙的行話。

諷刺的是，企業本身或許最明白這種作者不詳的狀況對他們有多麼不利，所以才經常用虛假的擬人化手法讓產品更加吸引人。例如班傑利（Ben & Jerry）公司就刻意讓消費者覺得，不同店員在冰淇淋裡加的東西都不一樣，而且還打出「一個人手滑，另一個人吃棉花糖吃到嘴軟」、「每杯冰淇淋都會灑上一把核桃，你拿到的那杯有多少要看做的人是誰」這類的廣告標語。這些都是在班傑利賣給跨國企業聯合利華（Unilever）之後才使用的行銷方法，因為保留原品牌的親民特色對他們公司現階段來說更顯迫切。

我在波士頓的連鎖小店 b.good 找到另一個實例。他們的標語是「真食，速食，人工而非機器製造的食物」。餐桌上的卡片列出供應商的簡介。「這是法蘭克，」有張卡片上寫，旁邊附了張身穿藍上衣的中年莊稼漢的照片，他的「家族在麻州西部經營馬鈴薯田已有百年」，他和三個兄弟負責「種植和採收馬鈴薯，今年秋天我們每天都忙著把這些馬鈴薯切成薯條」等等。營造的畫面很親切，但據說這個家族可能是個高度倚賴化學藥劑和低薪外勞的大企業。無論如何，它絕對不是個小小的農舍。農場的網站上明言：「札羅斯基馬鈴薯田有限公司，目前是新英格蘭最大的馬鈴薯農場。」耕作面積有兩千五百英畝，還有「最先進的包裝廠和冷卻設備」。至於法蘭克本人，他已經「離開農場，轉往哈福德的辦公室兼倉庫擔任行銷和管理工作」。

我們不需要認識每個菜農或酪農，也不需要反對所有的企業化農業。但如果我們跟生產食物的人毫無連結，就會跟生活中最重要的事物越離越遠。所以呢，為了享受手工製的美麗或美味商品而多付一點錢的人，絕不是笨蛋。我們希望生活在一個人類可以獻身於藝術和工藝的社會，一來人類原本就會這麼做，二來有人投身於有趣事物的世界也會更加豐富有趣。如果便利生活的代價是放棄選擇權和發揮創意的機會，那麼讓生活變得更便利、更便宜不一定比較好。

人是感覺的動物，也是認知的動物。知道東西的製作方法，確實會、也理當會影響我們對它們的感受。一旦接受這個事實，你對價值和效率的既有認知就會大翻轉。舉例來說，評估農產品不能只靠產量、用水量、碳足跡、土壤侵蝕狀況等可測量的客觀方法，雖然這些確實很重要。我們也必須考量不同生產方式對景觀的影響、人跟農耕和自然的關係，以及農民、土地、動物、零售商和消費者之間的連結。簡單的說，科技的實踐智慧需要我們進行全面性的思考，而不是把好東西切成各自獨立的元素，變成一張理想產品的清單，在上面一個個打勾，然後選出得分最高的東西。

太多反對工業化農業的人陷入這種思維而不自知，最後發現自己敗在當初設定的標準上。結果非但未能給工業化農業致命的一擊，反而變成刺激它改善原有方式、提升表現的力量。鄉村熱愛者的眼中釘塑膠溫室，就是最好的例子。查理·希克斯指出，塑膠溫室的效能好得不可思議，既降低了農藥的使用量，也減少了天氣造成的災害。一九七

○年代希克斯剛入行時，有場大雨差點一夕之間毀了某個品種的草莓。「要不是蓋了塑膠溫室，我們就得進口更多食物，」希克斯說。別忘了塑膠溫室其實就是已有幾百年歷史的暖房，而且不是所有植物都適合種在戶外。以大黃為例，人工催熟的大黃都種在陰暗的棚內，這是一八一七年有人偶然發現埋在土裡的大黃更美味後才發明的方法。這種人工催生的方法行之已久，甚至變成了一種「傳統」，約克郡的人工催熟大黃甚至有歐盟的PDO標章。

以勾選的方法來看，塑膠溫室樣樣都好，除了一樣：醜斃了。但希克斯說的沒錯，「鄉下又不是主題樂園」。然而，從全面性的角度來思考，即使塑膠溫室有其重要性，若是任由它覆蓋大片土地，我們就會失去我們珍視的其他東西。在這個情況下，科技的實踐智慧就表示運用科技的同時，我們也要避免被科技淹沒，把鄉村景致變成缺乏臉孔、冰冷又醜陋的食品工廠。

科技的實踐智慧就是：即使機器能媲美或提升達人手藝，我們還是希望達人手藝繼續蓬勃發展，因為重要的不只有結果，還有抵達結果的過程。有些東西我們會因為機器量產帶來的明顯好處而欣然接受，但也有一些東西我們仍然偏好手工製作，食物就是其中之一。即使成品無法每次都一致，我們還是會讚賞廚師、麵包師傅或起司製造者的手藝。正如羅傑．朗文（他做的起司口味會隨季節而變化）所說：「如果你想買味道天天一樣的起司，就上超市。」我們可以體諒主人因為工作繁忙而點了外賣或拿出微波食品加熱，但我們會更感謝親自為我們下廚的人，就算餐點不全合我們的胃口。即使在餐廳，一個你付錢用餐的地方，背後也是一種熱情好客的展現，是主廚邀請你前來享用他精心準備的餐點。食物的交流也是一種人際關係。人不可能完美無缺，所以一個否定人的不完美、只顧利用科技追求完美的世界，永遠不可能達到真正的完美。

用麵包機做麵包

使用機器不表示你做出的東西一定都很制式化。麵包機都有附食譜，你也可以另外買食譜，但應該把食譜當作摸索、試做的基礎，而不是奉為聖經。

拿我來說，我的標準麵包會混合五種不同比例的麵粉（約三成黑麥粉、三成斯佩耳特小麥粉、兩成全麥粉、一成燕麥粉、一成白麵粉），比例隨當時我用完哪種麵粉而定。有時候我會放比一般建議分量更多的橄欖油，讓麵包有不同的風味和質地。另外，我也會用麥芽精取代糖，這樣麵包的口味層次就更豐富。

麵包機可以只負責揉麵的工作，剩下的就由你自由發揮。我發現可以把基本的披薩麵團或佛卡夏麵團擀薄，放進平底鍋像薄餅那樣烙熟。

大家稱讚我的麵包好吃時，我反而有點不好意思，所以每次我都會回答說：「不是我做的好，是機器的功勞。」其實這麼說不全對。應該是機器跟我的合作。科技再怎麼厲害也無法取代人類的所有創新和判斷，但科技能讓人類把這些美德延伸到我們原本無法發揮的領域上。

十一、例行公事不無聊 Don't be bored by routine

求新求變反而無法全心投入

奧地利哲學家維根斯坦不能算是美食主義者，但說到食物，他的要求特別嚴格。這點在他的代表作《哲學研究》（*Philosophical Investigations*）中特別清楚。他在書中舉了三個食物的例子，母牛吃草是其中一個，另外兩個跟準時用餐有關。他說：「我想著我的早餐，不由懷疑今天會不會遲了。」還有：「現在假如我跟某人說，『你該準時點用餐；你明知道是一點整開始。』難道沒有準確性的問題嗎？」[63]

聽起來很像經濟學家凱因斯筆下描繪的維根斯坦。凱因斯在一九二九年的一封信中談到這位新識：「我太太為他準備了瑞士起司和黑麥麵包當午餐，他非常喜歡。之後他差不多每餐都堅持要吃起司和麵包，也不管我太太準備的其他料理。維根斯坦說吃什麼對他不是太重要，只要每天都一樣就好。」[64]

對懂得享受美食的人來說，這聽起來很單調無趣。不過重複一樣的事有它的吸引力。維根斯坦對哲學的投入，常被認為有如獻身宗教的修道士。而用餐時間固定，就是

63 Ludwig Wittgenstein, *Philosophical Investigations* (1953)，分別見 §607 and §88。

64 San Sifton, 'Always the Same Thing', *The New York Times Blog: Diner's Journal* (5 November 2009).

修道院生活的一項特點，這樣就不用想什麼時候吃飯、要吃什麼。如果你是本篤會修士，按照創辦人的規定，每餐都有兩道熱菜供你選擇，不過你要花的心思也僅只於此。

這當然就是這個制度的重點。如果你要一天二十四小時侍奉上帝，就不該為了青醬拌貓耳朵還是拌義大利麵吃好這類瑣碎問題而分心。同樣的，每天都穿同樣的聖袍，你就不用煩惱該穿牛仔褲還是卡其褲。所有枝微末節都簡化成例行公事，這樣心靈才能專注於真正重要的事物。

如果你既不是修士，也沒有為維根斯坦立傳的作家雷·蒙克（Ray Monk）所謂的「天才的重擔」，你或許認為這種方法並不適合你。不過我們當然都會因為小事分心，而忽略了真正重要的事。拿我自己來說，我時常在跟亂糟糟的書桌對抗。還有電子郵件越積越多；幾個月前傻傻答應的工作，卻忘了從來就沒有「到時就沒那麼忙了」這種事；一堆家務事；添購日用品；辦理誤點火車退款等等，既然這些瑣事都非辦不可，那麼能減少的瑣事越多，對我當然越好。

因此，把飲食當作例行公事再合理不過。只不過在這個新奇產品已經司空見慣、輕輕按下螢幕就有新鮮事的消費時代裡，「例行公事」已經成了一個負面的詞。現代人都有某種程度的「無聊恐懼症」，維根斯坦追求的「每天都一樣」，對現代人而言有如地獄。難怪那些無法怪罪食物，但過度刺激的味蕾已經很難滿足的餐廳評論家，老是喜歡用

「routine」（譯按：除了例行公事，也有平淡無奇之意）這個帶有貶義的形容詞。

例行公事不表示一成不變

然而，有一種有益的例行公事適用於生活的各個層面，不只飲食。這樣的概念可見於亞里斯多德使用的希臘字 *hexis* 。這個字通常譯成「習性」，有時也譯成「習慣」，畢竟習性和習慣是一體兩面，相輔相成。不過，英文字 habit 不巧也暗示不經思考所做的事。比方下錯交流道，或是把牛奶加進客人點的黑咖啡裡，英文就會說是 out of habit（習慣使然），因為你不知不覺就做了這些事。

但這並非亞里斯多德原來的意思。對他而言，*hexis* 是主動而非被動的。習慣不一定是「不經大腦的」。事實上，習慣也可以是自覺的、刻意而為的。修道士就是一個好例子。他們這樣按表操課，很容易把一件事變得機械化，就像我們小時候背禱告詞那樣死板板，但這不是無可避免的結果。他們的目標是對自己做的事有清楚的自覺，因此每次重複不只是為了完成一件事，而是再一次證明他們將自己奉獻給上帝。同理，每次用餐不只是吃東西，而是感謝上帝慷慨餽贈的一次機會，並讓人得以思考只要不過分耽溺，物質的滿足也可以得到適當的讚賞。

為了讓非教徒善用基督教對飲食的主張，我們要翻轉「聖餐變體說」（transubstantiation，編按：指聖餐麵包和葡萄酒在彌撒中經神父祝聖後變成耶穌的身體和血），倒過來把耶穌的血肉變回麵包和酒。修道院生活有一些刻意而自覺的例行公事，很多方面都值得世俗生活借鏡。畢竟就連美食家都有他們的例行公事。幾年前，調查發現三分之一的英國人每天都吃一樣的午餐，還引起了小小的騷動，但如果調查的是早餐就不是什麼新聞了。不知道為什麼，即使美食家每天都吃一樣的早餐，大家也覺得無可厚非，但午餐和晚餐一成不變就會被認為是單調無趣。每天變化三餐不但累人，也要額外費心思考菜單。如果不以例行公事加以平衡，為了健康而變化菜色就會變成一味求新求變，反而不健康。

既然每個人的生活都有一定的例行公事，那麼確認自己選對了正確的例行公事才是重點。習慣唯有變成不經思考的反射動作時才會變質，而我們經常犯這種錯誤。相反的，*hexis* 是自由且自覺地選擇每天重複的例行公事，並經常思考自己該不該維持長久以來的習慣，同時也要留意新知及環境的變化，不排斥有天可能必須放棄或更改自己的習慣。

例行公事也不一定代表每天都一成不變，或許是一樣出色的三明治店或餐館，或者基底相同但稍加變化的東西。就算你真的固定吃一樣的東西，比方星期六晚上吃咖哩、星期日吃烤肉，那也不表示享用或準備的過程都不經思索。幸運的是，雖然有些食物很容易吃膩，但大多數人心中都有一些常吃也吃不膩的食物，就算不是一輩子吃不膩，起碼是某個人生階段。這些食物之所以撫慰人心，不只因為熟悉，而是我們喜歡它們的程度絕不亞於在餐廳嚐試的新菜色。每個人都有自己的「百吃不膩料理清單」。我的包括辣茄醬義大利麵、燉飯、麵包夾起司和番茄、炸魚薯條、鮪魚燉菜、土司夾蛋和蘑菇。它們經常出現在我家餐桌上不是因為懶惰或習慣使然，而是因為它們是我永遠的最愛，每次準備和享用的過程我都很投入，而且興味盎然。

這種飲食例行公事的最佳例子不是來自隱蔽的修道院，而是擁有豐富飲食文化的國家裡的各式廚房。諷刺的是，英美美食家對地中海的日常飲食讚不絕口，但他們崇拜的婆婆媽媽其實沒有他們想像的那麼富有冒險精神。舉例來說，我在奧斯塔的民宿吃到不少絕佳的當地名菜和義大利經典料理，但主廚告訴我，她這輩子從沒做過任何一道外國料理。無獨有偶，我到義大利探親時一定會吃到親戚親手做的幾道料理，都是他們的媽媽教他們做的菜。（那邊老一輩的男人幾乎都不受女性主義的影響。）英國人擔心給客人吃到跟上次一樣的菜色，但在義大利，大家最期待的往往是主人的拿手菜。格雷果里歐（Gianni Di Gregorio）執導的精彩電影《八月中旬的午餐》（*Pranzo di Ferragosto*）裡就有個很好的例子。片中有個老婦人不斷抱怨大家老是要她煮千層麵。我外婆還在世時，復活節要是沒吃到她做的義大利餃，我就會渾身不舒服。即使到今天，回到家鄉沒能吃上一盤天下無敵的義大利燉飯，我還是覺得若有所失。

一個更極端的例子是日本的壽司之神：小野二郎（Jiro Ono），他是一個名符其實的「職人」（*Shokunin*）。以他為主角的紀錄片呈現他對例行公事的著迷，他甚至堅持要從月台上的同一個地方踏進火車去上班。「職人的工作方式就是每天重複同樣的事，」水谷八郎（Mizutani Hachiro）說，他曾是小野的學徒。後來小野的兒子開了自己的餐廳，小野給他的建議是：「他應該餘生都做同一件事。」這當然需要全神投入，不同於不經思索的重複。或許這跟禪佛教有關，紀錄片導演大衛・賈伯（David Gelb）認為禪佛教的精神貫穿了職人的工作方式。其中有個概念是，「沒有大事或小事之別，大事小事都一樣重要」，所以無論做什麼事，你都要盡你所能地完全投入。因此，重複例行公事是通往卓越之路，而不是導致停滯僵化的死路。[65]

把創新當作飲食的基本美德，只會在飲食傳統薄弱、缺少代代相傳的家常美食的文化中出現。例行公事不一定就單調無趣，諷刺的是，不斷求新求變反而會。沒有什麼比為了創新而創新的料理更乏味的事了。近幾十年來流行過各種花樣，最後都讓人意興闌珊，例如冰淇淋裡加進令人驚喜的食材；用錫鍋、牛皮紙袋或碗盤之外的新奇容器裝餐點；把千層麵之類的料理「解構」，也就是把不同部分攤開來，而不是混在一起。

65 'David Gelb's Tokyo Story', interview with David Gelb by Alexandria Symonds in interview-magazine.com (3 September 2012).

天天吃同樣的東西或許太單調，但對少數吃飯只為填飽肚子、無法從食物得到樂趣的人來說，這聽起來或許像福音。不過維持一點例行公事是好的，這樣能讓我們更加感謝簡單的料理，以及把料理傳給我們的人，同時也能避免我們隨著變來變去的飲食風潮起舞，無止盡地追求新奇的口味。重點不是用例行公事綁住自己，而是慎選你想要的例行公事，清楚知道自己為什麼重複這些事，並藉此讓自己更加充實而自由。

義式番茄醬汁

基本義大利麵醬有百百款，家家作法都不大一樣。義大利人之所以說沒人做的麵醬跟自己媽媽做的味道一樣，那是因為確實如此：每個人的作法都有些許不同。

不過基本原則很簡單，只要食材新鮮並有充分的時間熬煮醬汁就可以了，兩個小時通常不算久。

各種醬的基底都是先把大蒜、紅蔥或洋蔥放進油鍋裡炒一下，油不用太熱。（我的很多料理都是從這個步驟開始的，這很自然。愛爾蘭知名餐廳大廚丹尼斯・卡特〔Denis Cotter〕

說過，食譜「幾乎都從這裡開始」，因為「通常這麼做會產生一股迷人的香氣」。[66]）有些人會再加些芹菜末。在芹菜變焦之前，加進番茄。罐頭番茄即可。全部或部分使用新鮮番茄會有不同的風味，但不一定比較好或不好。在番茄上劃幾刀，丟進沸水滾個一兩分鐘，番茄皮就會自動脫落。

接下來就隨你自由發揮。乾燥的奧勒岡葉可以早點加；新鮮羅勒最好上桌前再撕碎丟進去拌一拌。乾辣椒或切碎的新鮮辣椒可以在番茄之前加。鯷魚應該一開始就放進熱油裡煮散。切碎的橄欖可以跟著番茄一起加進去。喜歡的話也可加鮪魚，讓它熬煮到散開，變得有點像肉醬。或者也可以先把碎羊肉、牛肉或豬肉放進鍋裡跟洋蔥或大蒜一起炒成褐色，再加進番茄，變成一鍋肉醬。也可以試試其他組合，有些可能味道就是比較好，但除非你對食物無感，不然做出的成品不可能太糟。

這類主食可以變成一種例行公事，但不一定是不經大腦的無聊工作。因為它可以無止盡地變化，而且每個步驟都要顧到，這就表示即使是做簡單的義大利麵醬，也可以變成一種成就感十足且樂趣無窮的習慣。

66 *The Food Programme*, BBC Radio Four (18 February 2013).

十二、過猶不及 Add a generous pinch of salt

對科學研究和專家建議保持懷疑的態度

數十年前，醫學研究告訴我們，植物性奶油比動物性奶油健康；雞蛋會提高膽固醇所以不是好東西；還有要常常刷牙，尤其是喝了氣泡飲料之後。現在我們知道乳瑪琳裡都是氫化油、雞蛋裡的膽固醇對血清膽固醇的影響微不足道，而太常刷牙，尤其喝了碳酸飲料之後，反而會破壞牙齒琺瑯質和牙齦。拜一九七〇年代的醫學建議之賜，現在我有動脈硬化、牙齦萎縮的毛病，而且還錯過了很多香噴噴的煎蛋捲。[67]

我們常聽見像新聞記者克林特・衛丘思（Clint Witchalls）寫的這一類的抱怨文，卻從沒聽過有人說「官方的健康飲食建議清楚又一致，完全能說服我」。但在我們的文化中，這種懷疑態度常伴隨著一窩峰追隨健康熱潮的現象出現。例如，膽固醇有害身體健康的觀念，很快就以一種時髦減重方式打入主流，於是「低膽固醇」成了很多食品的最大賣點，不管買的人有沒有要減重都一樣。號稱能降低膽固醇的蔬菜抹醬銷售一空；標明內含 omega 油的產品大賣；傲稱是營養豐富的「超級食物」的產品銷量一飛沖天。

67 Clint Witchalls, 'Medical Contradictions: So Bad It's Good for You…', the *Independent* (27 September 2011).

看來我們的懷疑是有選擇性的，辨別力也不太足夠。那麼我們對於食品的健康訴求，到底該抱持何種或多少程度的懷疑態度？

我不是健康專家，無法斬釘截鐵地說什麼食物該吃或不該吃。但這個問題多少跟我們該信任「專家」到什麼程度有關。我很容易不小心就得罪了他們，所以或許我們應該先替專家說一些話。專家對健康的看法其實轉變得很慢。例如，一九三三年，英國醫學會建議我們攝取的卡路里應當百分之十二來自蛋白質、百分之二十七來自脂肪、百分之六十一來自膽固醇。[68]現今英國官方的飲食建議也相差無幾，蛋白質百分之十到十五、脂肪百分之三十三、膽固醇百分之五十到五十五。[69]世界衛生組織給的建議更加彈性，分別是百分之十到十五、百分之十五到三十、百分之五十五到七十五。[70]

至於多吃蔬果和全穀、避免攝取太多飽和脂肪和精緻碳水化合物的一般建議，多年來改變不大。如果這些建議給人前後矛盾的印象，那也是因為每當有研究發現主流方式可能有錯的時候，媒體就會斷章取義說，「科學家說ＸＸ其實對人體有益（或有害）！」其實科學家很少這麼說。他們通常會說：「這個結果令人訝異，需要進一步研究才能證實。」所以我們真正應該懷疑的對象可能不是健康專家，而是媒體。

68 'Report of Committee on Nutrition', British Medical Association, Supplement to the *British Medical Journal* (25 November 1933).

69 Food and Drink Federation的網站Guideline Daily Amounts（www.gdalabel.org.uk）的數據，數據來源是英國政府。

70 'Diet, Nutrition and the Prevention of Chronic Disease', WHO Technical Report Series 916, p. 56, http://whqlibdoc.who.int/trs/who_trs_916.pdf

不要輕信專家之言

儘管如此，健康單位還是可能出錯，乳瑪琳就是一個慘痛的例子。多年來、甚至直到今天，我們都相信飽和脂肪是造成心臟病這類健康問題的主因，相比之下，植物油裡的單元和多元不飽和脂肪更加有益健康。於是專家建議民眾少吃奶油，多吃乳瑪琳（植物性奶油）。從料理的角度來看，這一直都是個錯誤。奶油之於乳瑪琳，就像二〇〇五年份的拉菲紅酒（Château Lafite）之於一九七九年的藍仙姑（Blue Nun）。如果奶油真的有害健康，那麼也應該勸人吃少一點、抹薄一點，而不是用乳瑪琳替代，因為後者吃起來就像淡而無味、黏稠油膩的食鹽水。

後來發現專家的建議也是錯的。乳瑪琳的問題在於，它是用室溫下為液狀的脂肪製造的，為了使它凝固易於塗抹，就必須經過「氫化」的工業過程。這個過程會改變物質的化學結構，產生反式脂肪，這對人體的傷害更甚於自然產生的飽和脂肪。[71] 現在幾乎所有植物性抹醬都不含反式脂肪。然而，乳瑪琳事件讓我心有疑慮，所以當我看見印著義大利快樂銀髮族的橄欖油抹醬時，我並不認為只因為愛用橄欖油的地中海飲食對健康有益，所以英國餐桌上就應該出現固狀的橄欖油抹醬。真相為何？讓我們繼續看下去。不過因為我沒買，所以應該說，讓別人繼續看下去。同樣的，我也會對所有內含健康成

71 有關脂肪議題的清楚論述，見'Fats and Cholesterol: Out With the Bad, In With the Good', the Nutrition Source, Harvard School of Health, www.hsph.harvard.edu/nutritionsource/fats-full-story。

分但以創新方式加工的新產品，抱持懷疑的態度。

乳瑪琳一例的根本錯誤，就是根據有限且各自獨立的已知因素，提出健康飲食的主張。這種鎖定特定成分的切入方式，在評估飲食與疾病的關係時也會引發問題。近來的一個例子跟鹽有關。減鈉幾乎已是全球共通的飲食趨勢，廠商減少加工食品的鈉含量，大眾也會避免在餐點上灑鹽。證據似乎清楚擺在眼前：鹽會使血壓升高，血壓升高會提高心血管疾病的發生率。結案。但事實並非如此。

這裡頭有兩個問題。第一，高血壓不是導致心血管疾病的唯一危險因子，所以我們必須釐清，減鹽會不會讓其他指數增加，如果會的話是增加多少，而且我們也不清楚各種指數的關係。《美國高血壓期刊》（*American Journal of Hypertension*）的編輯麥克·艾德曼（Michael Alderman）醫師就說：「鈉減半會提高交感神經的活動，增加醛固酮分泌、胰島素抗性，並啟動腎素、血管擴張素系統，亦即人體內的一種酵素系統。這些都是負面的影響，會提高心血管病變的風險。減鈉對健康的幫助，是排除以上所有影響才產生的淨值。」[72]

第二，心血管疾病不是唯一致命的疾病，而鈉對人體的正常運作舉足輕重。所以你真正應該弄清楚的是，減鹽是否對你整體的健康有益？會不會反而提高其他疾病的風險？有些研究指出，無論如何，減鹽並不會降低整體的健康風險。[73]就算這些研究之後

72 *More or Less*, BBC Radio Four (19 August 2011).

73 R. S. Taylor, K. E. Ashton, T. Moxham et al., 'Reduced Dietary Salt for the Prevention of Cardiovascular Disease: A Meta-Analysis of Randomized Controlled Trials (Cochrane Review)', *American Journal of Hypertension* (24 August 2011), 8, pp. 843-53.

被推翻，重點仍然是：只因為一樣東西降低了特定情況的風險或移除了某個危險因子，並不表示它就能促進健康或延年益壽。我們往往不清楚飲食的變化會造成何種意外的效果，甚至還抵銷了其他的好處。所以最明智的方法是，除非你狀況特殊或屬於某個高危險群，否則沒有必要因為某種食物跟特定狀況的連動關係而大幅調整自己的飲食。

但如果你屬於某個高危險群呢？那麼我的建議是：**勇於求知，自己設法去求證**。有時你難以想像證據本身有多薄弱。最明顯的例子就是官方公布的標準體重：BMI（身體質量指數）二十到二十五都在公認的標準範圍內。BMI值是根據體重與身高、年齡和性別的比例計算出來的。這個數字代表體內脂肪的比率，是判斷一個人是否過重的最精確方式，但還不到完美無缺。舉例來說，健美選手的BMI經常偏高，即使他們跟自由放養雞一樣沒有半點贅肉。也有人認為，腰圍身高比率比BMI值更能精準算出體內脂肪比率。

就算BMI值不是完美的計算方式，它起碼也是健康體重的可信指標。所以當你聽到專家說BMI值二十到二十五之間都算理想體重，你就會深信不疑。但事實上並非如此，甚至剛好相反。加拿大的一項大規模研究發現，如果拿死亡率跟BMI值相比然後製成圖表，就會形成一條U形曲線，體重最輕（＜18.5）跟最重（＞35）的人最容易蹺辮子。你猜U形底線的BMI落在哪裡？二十二到二十三，也就是BMI的標準範圍之間嗎？錯。研究結論是：「過重的人（25-30），死亡率最低。」[74]換句話說，最可能長命百歲的人是官方認定中輕微過重的人。無獨有偶，也有其他大型統合分析提出同樣的結論。我正在寫這一章的同時，又有一篇類似的研究登在《美國醫學會期刊》（*The Journal of American Medical Association*）上，再次跌破眾人的眼鏡。[75]

而且問題越來越大。現在一般認為，除非你嚴重過重或過輕，不然比體重計的數字更重要的是身材。另外，因為吃太好而導致體重過重，總好過體重標準卻吃得很差。所以吃得好、體力充沛但ＢＭＩ值二十七的人，比生活無趣、只吃低卡加工食品但ＢＭＩ值維持在二十二的人，普遍更加健康。當然了，有菸癮或酒癮的人雖然瘦，卻比身材微胖、作息正常的網球選手，離死亡更近。

既然如此，結論難免就會變成：對科學研究抱持懷疑，就表示絕不要輕信專家意見。這麼做並不會讓我們在實際生活中變得無所適從。同樣的建議也適用於鹽和奶油的例子。也就是說，如果你不是高危險群（這裡是指超胖或超瘦），就不需要刻意為了符合官方標準而改變原來的飲食方式。但如果你是高危險群，就要自己去求證事實。這麼做的時候，別忘了質疑根據對單一變數的觀察而提出的建議。釐清該研究是否掌握了其他變數。比方說，假如研究發現過重（根據官方標準）的人較容易中風，有可能是因為如果把人分為兩組，一組ＢＭＩ高於二十五，一組低於二十五，前一組很可能包含較

74 H. M. Orpana, J. M. Berthelot, M. S. Kaplan, D. H. Feeny, B. McFarland and N. A. Ross, 'BMI and Mortality: Results From a National Longitudinal Study of Canadian Adults,' Obesity (Silver Spring, January 2010), 18 (1), pp. 214-18.

75 Katherine M. Flegal, Brian K. Kit, Heather Orpana and Barry I. Graubard, 'Association of All-Cause Mortality With Overweight and Obesity Using Standard Body Mass Index Categories: A Systematic Review and Meta-Analysis', *The Journal of the American Method Association* (2013), 309 (1), pp. 71-82.

多年長者、營養不均或不愛動的人。除非這些變數都在掌控之中，不然研究結果對了解BMI本身根本毫無幫助。

有益的懷疑

營養學諷刺的地方在於，越是發現它有多複雜，我們的飲食原則就應該越簡單。我稱這個現象叫做「波倫矛盾」(Pollan's Paradox)。波倫就是把飲食原則簡化成現在眾所皆知的飲食格言(吃食物不吃食品。分量適中。蔬果為主)的大作家麥可．波倫。[76]他發現人類太過自大，自以為可以知道哪些營養品可以補充人體最需要的養分，所以提出的飲食建議就越來越複雜，可是要微管理一個我們了解有限的系統是不可能的。所以只要用好食材做出合適的料理就行了，不需要怕東怕西。

那麼我們該如何對營養建議抱持有益的懷疑？我的方法很簡單，主要是三個原則：**第一是適度**。只要不是極端狀況，就不需太過擔心。即使某些食物真的有益或有害健康，通常也只有在攝取過量或嚴重缺乏時，才會對身體產生明顯的影響。一樣食物在社會中存在已久，不一定對你有益，但或許這表示適度攝取不至於有害。

第二是找出相關性。除了抽菸這類極少數的例外，很少有食物本身會對人體造成極

76 Michael Pollan, 'Unhappy Meals', *New York Times Magazine* (28 January 2007), and *In Defense of Food: An Eater's Manifesto* (Penguin, 2008).

大幫助或傷害。我們不能把食物拆成脂肪、礦物質、維他命、碳水化合物等等成分，然後說「這個好、那個不好」。會危害生命的不是食物本身，而是飲食方式。要看就要看整體，包括不同食物如何互補，不能只看特定成分。

第三是實證。不要看到什麼就照單全收。尋找實證不像自己去求證那麼困難。只要找出可信的來源即可，不要聽信八卦小報的說法，因為他們存在的目的就是嚇唬讀者。對網路聊天室的消息也要特別小心，裡頭有些陰謀論者、一天到晚懷疑自己有病或是杞人憂天的人，聚在一起把缺乏根據的說法渲染成公認的意見。

或許最重要的是懷疑論的本質。懷疑論經常被認為是負面的，也常跟憤世嫉俗混為一談。然而，我提出的懷疑論是休姆懷疑論的輕量版。休姆認為只要用理性去檢驗有其根據的信念，信念終究會瓦解，所以「我們永遠無法確信或保證任何事物的存在」。問題是，沒有人能夠或應該這樣生活。所以懷疑論需要一個「制衡點」，一種「源於感官和經驗，而且更為堅固、更為自然的論證」。這裡指的不是常識，而是我們從經驗中一再確認為真的事物。這些往往可以歸納成基本法則，例如天然食材比高度加工食品健康，或是一個社會的悠久飲食傳統多半都是可靠的參考標準。這當然不是絕對的真理，而且一定有例外。重點是，別把它們當作無可挑戰的教條，只要拿它們跟理性判斷為真但還沒有時間加以證實的論點一起參考就行了。當我們把理性的懷疑和經驗所得結合在一起時，「不會有一個比另一個更重要。心必須在兩者之間擺盪才對」。[77]

這就是一種健康的懷疑態度，而且會在我們坐下來用餐時妙用無窮，儘管不是每次都可靠。這樣的懷疑態度捕捉到了懷疑論的精髓：凡是人都會犯錯，即使是最可靠的知識也有可能是錯的。這也是把「勇於求知」這句話銘記在心之後，必然會有的結果。如果你勇於求知，很快就會發現原來自己知道的那麼少。你也會發現，往往沒有完美無缺的邏輯、科學或實驗方法，可以用來確認事物的真偽。實踐的智慧需要動用到判斷，所以最後你會對自己的理性和認知抱持懷疑。但這不是一種虛無的、絕對的懷疑論，因為到目前為止的智識之旅已經證明了，好主張跟壞主張、健全的推論跟謬誤、沒有根據的看法和合理的信念，中間仍然存在著差異。因此，接納不確定並非為了抵抗絕望，而是為了更加了解所相信的事物。如果你覺得在餐桌上有必要追求穩若磐石的確定感，那麼這裡至少有一個。若是笛卡兒可能會這麼說：如果我認為自己正在享用美食，那麼我就是。

77 David Hume, *Dialogues Concerning Natural Religion* (1779), Part 1.

燻肉拼盤

如果要找最違背現今健康飲食建議的傳統食物，去熟肉攤就對了。紅肉跟大腸癌息息相關；醃肉鹽分高會讓血壓升高，而且大多含有亞硝酸鈉，這種防腐劑跟慢性阻塞性肺疾病很有關係。在英國，專家近年來都建議民眾每天不宜吃超過七十公克的紅肉和醃製肉。[78] 但一流的燻肉是地中海國家的驕傲和喜悅，不是說我們應該效法地中海的飲食方式嗎？想想西班牙的伊比利亞黑豬火腿、臘腸和塞拉諾（Serrano）白豬火腿，或是義大利的摩德代拉（mortadella）肉腸、薩拉米（salami）香腸和帕瑪（Parma）火腿。

我們當然沒必要迴避這些食物，至少不是為了健康理由。如果你不浪費太多錢買便宜的加工肉品，就可以偶爾享受一下頂級肉品。最近我從西班牙很會做火腿的特雷韋萊斯小鎮買了一包伊比利亞橡實火腿回來。橡實火腿來自在橡木林裡自由放牧、吃大量橡實的豬隻。我買的這包火腿重一百克，我吃了一半，這表示我離專家建議的每日最大量還有段距離，而且我又不是天天吃紅肉。

火腿跟起司的問題一樣，就是量產的便宜種類越來越多，這表示消耗量增加的同時，品

78 NHS Livewell website, www.nhs.uk/Livewell/Goodfood/Pages/meat.aspx

質卻節節下降。專家告訴我們，我們攝取太多肉類，而且優質肉也被劣質肉拖下水，光這些就足以讓我們懷疑，真的有必要少吃優質肉品嗎？

太多有關健康飲食的建議，都是從列出少碰的食物清單開始。然而，該怎麼吃的重點在於避免錯誤的飲食方式，而不是避免特定的食物，這就留待下一單元再述。

第三部

不要這樣吃

——人如其食，也如其不食。

十三、拒絕自助早餐的誘惑 **Resist the breakfast buffet**

從日常生活中鍛鍊品格

我生平最奇特的一次經歷，大概是在亞歷山大・梅可・史密斯（Alexander McCall Smith）的系列小說《星期天哲學俱樂部》裡客串了兩次。最初是因為我代表《哲學家雜誌》（*The Philosophers' Magazine*）去採訪作者本人。我們談到他的小說裡對日常倫理問題的關注，比方禮貌、尊重和誠實。我們都認為道德哲學多半著重於安樂死、貧窮、戰爭和氣候變遷這類大議題，反倒忽略了日常的倫理問題，實在有失平衡。我告訴他，如果要投稿給他小說裡的主角伊莎貝爾・黛荷西主編的期刊《應用倫理學評論》，我會選擇日常遇到的問題。「你何不寫信跟她提議呢？」他問，「這樣我說不定就能把內容收進下一集。」以下就是我寫給伊莎貝爾的信。

二〇〇四年九月二十三日

黛荷西小姐您好，

冒昧寫信請問您，是否有興趣將名為〈論自助早餐之倫理〉的文章收入貴刊？當初動筆寫這篇文章，起因於我的觀察所得。我發現很多人認為，從飯店的自助早餐偷帶麵包或起司出去，充當一頓豐盛的午餐也不為過。也有些人認為這不但有失禮儀，某方面來說也有損道德，即使他們也承認，真要說來這只是小小的不道德。

我感興趣的是，這種自我感覺良好的反應是否有正當的理由？如果有的話，原因又是什麼？我的論點是，這類小惡是倫理態度的指標，所以或許它們在道德上具有重大的意義。例如，從自助早餐偷走食物的人一心只想滿足私欲，所以只要能占到一點便宜，他們就覺得賺到了。由此可見，這種道德上的小瑕疵，背後隱藏了更嚴重的人格缺陷。

盼請來信告知貴刊是否對這篇文章有興趣。謝謝。

《哲學家雜誌》編輯朱利安．巴吉尼 敬上

果不其然，史密斯在下一集小說就讓女主角伊莎貝爾打開信件，收到我的投稿。那篇文章討論的是日常小事的重要性，結果我自己竟然過了六個月才寫信向他致謝，實在很不應該。後來他在下下一集小說中又讓女主角想起我，因為她決定邀請我加入編輯群。

我欣然接受了邀請，因為我非常支持把日常小事放進倫理學，試圖為「如何把生活過好」找出答案。到目前為止，本書都在努力呈現日常飲食對倫理學的重要性，第一部主要從人際道德的議題切入，第二部則從理性和判斷的角度切入。然而，倫理學的核心可以說更偏向個人，跟我們的性格，也就是做人處事的方法有關，反映出一個人的價值觀和美德，而正是這些價值觀和美德為我們、也為與我們互動的人，指出了美好生活的途徑。

生活就是倫理反省的機會

品格（character，或譯性格）跟個性（personality）有關，但兩者仍有差異。個性主要是內在基因和外在環境結合而成的結果。個性上的特點通常不涉及倫理上的好壞。例如內向不比外向好，反之亦然；情感外放的人也不一定比情感內斂的人更舉止合宜。

相反的，品格就處處帶有倫理的意味。例如，慷不慷慨就是一個倫理問題，不只是個性決定你給多或給少這麼簡單的問題。所以說，假如方法不對，一個人就算生性大方，可能也不會是待人慷慨的典範。

說品格涉及倫理問題，不一定表示它總是帶有清楚的道德色彩。倫理包含一切跟生活有關的事，而道德（關乎如何對待他人及對他人的責任）只不過是倫理的一個項目。所以假如你縱情享樂，這樣或許不會傷到任何人，卻會減損你擁有美滿生活的能力。這樣看來，與其說辨別是非是個道德問題，不如說它是個倫理問題。

再者，品格可以後天培養，但個性一旦固定通常就很難改變。例如，即使你的個性容易衝動，仍然有可能發展出碰到重要事情三思而後行的性格。努力鍛鍊品格的人知道，有時「江山易改本性難移」，但他們不會把這當作結果或是任性而為的藉口。

早在古希臘時代，亞里斯多德就率先承認，想要把日子過好，光是懂得如何對待他人或善用理性和判斷是不夠的。我們還必須鍛鍊自己的品格，讓自己成為一個把正直行事視為理所當然的人。日常生活是鍛鍊品格的最佳場域，也是唯一的場域。良好的習慣和品行不是一時的體悟，必須持續不斷地練習。這就是「品格教育週」通常意義不大的原因。品格不是四十八小時造成的，而是日復一日累積的結果。

若是如此，那麼我們所做的每件事幾乎都是倫理反省的材料。你的品格就反映在你如何對待陌生人，或開車上路有沒有遵守行車禮儀。而一個社會的倫理標準，就反映在什麼人以多少價格販售哪些商品，或是民眾尊重法律、傳統、社會規範或宗教誡令的程度，或者何種享樂受到大眾的認可或鄙夷。

日常生活中有無數場合都給了我們倫理反省的機會，而自助早餐吧尤其豐富。有次我去一家大飯店參加研討會，有了切身的體悟。從很多方面來看，自助早餐就是我們跟食物之間的錯誤關係的縮影。現在流行菜色豐富的自助早餐，但在這種情況下，豐富通常意味著品質打折。用便宜的價錢吃多樣的食物（很多人說是「吃到飽」），只有用最便宜的食材才會符合成本，不然碰到大胃王豈不把店家吃垮。

此外，自助早餐的方便之處在於你什麼時候吃都行，但好料理往往得花上一點時間，即使十分鐘。沒有任何一樣煮過的食物放在熱盤子上半小時會更美味。我不得不懷疑，一鍋看似雞肉內餡的灰色黏稠物是否真是麥片粥。我還看到又乾又皺的香腸，還有一盤盤邊緣都快結塊的炒蛋。

即使明知道食物品質不會太好，我們還是會被多樣的選擇給吸引。「吃到飽」切中了人類原始的狩獵／採集衝動（原始本能）——在可以的時候盡量儲存熱量，因為明天可能會挨餓。這就是為什麼如果費用都包含在內的話，大部分人會吃了英式早餐又吃歐陸早餐，即使吃完肚子撐到不行。對很多人來說，對一家飯店或民宿最好的讚美，大概就是「早餐超豐盛」。綜合上述各點，自助早餐暴露了現代飲食採購的所有惡習。它所呈現的多樣選擇、大量食物和便利性，在在凌駕了品質，創造出一種價值的假象，實際上卻不見食物真正的價值。

無論熱騰騰的英式早餐多麼美味，或是在何處享用，一般人吃英式和歐式早餐的順序也透露了某些訊息。客人點了英式早餐之後，通常會先去拿歐式餐點，然後邊吃邊等熱騰騰的英式早餐送來。為什麼要這樣？一般來說，我們會先吃鹹食再吃甜食，但這樣的早餐順序就是先吃甜麥片和麵包，再吃蛋和肉。再說，你永遠不知道你點的熱食會有多大盤。照理說應該要等熱食送來再決定要拿多少其他的食物。但實則不然，大家都會在熱食送來之前，迫不及待地跑去自助冷食區拿食物。這種順序已經根深柢固，就算自助早餐吧有熱食區，也沒人規定食用的順序，大多數人還是會先吃冷食。

我認為這種現象反映了盎格魯撒克遜人純粹從功能角度來看待飲食的態度，也就是說，不必在飲食上多花不必要的時間。等熱食上桌之前先吃點冷食比較有效率，即使這表示你不知道該拿多少才夠，而且還得改變平常先吃鹹再吃甜的飲食順序。便利性再度大獲全勝，即使是以舒適感作為代價。我怎麼也想不通。大家為什麼非得照這種順序吃早餐？我還是沒聽到能說服我的理由。

重點是怎麼吃才合乎倫理

我習慣先吃熱食，吃完再決定要不要吃其他東西，所以我很久沒有吃到肚子快撐破的感覺。假如食物的品質又不是那麼好，吃飽了撐著的感覺更是不舒服。像我這樣的怪咖少之又少，有家民宿主人還告訴我，她開店以來從沒看過像我這樣吃早餐的人。我聽了很訝異，原來我們是那麼不經思索地照著習以為常的方式做事。

後來我在給黛荷西小姐的信中提到這個問題。多數人不認為這是個問題。反正自助早餐的食物很多都會被丟掉，不帶一些走才是罪過吧？在小旅館裡，沒吃完的早餐或許不會直接丟棄，但那不是重點。從純粹效益的考量來看，我同意這沒什麼大不了，從整體來看結果或許反而是好的，因為偷拿食物的人得到的利益遠大於店主的損失，店主的損失甚至根本微不足道。然而，單純用這種角度來思考倫理問題太過狹隘。我們也應該思考言行舉止如何塑造一個人。

我在意的是，從早餐吧偷走食物就是在助長一些討人厭的性格，例如貪小便宜、不老實、占人便宜、過分在意蠅頭小利。自私雷達常保警覺，隨時準備占人便宜，並不會讓我們變成更好的人。這麼做或許不會傷害到人，卻會傷害自己，讓人為了貪圖小利而降低了自己的格調。

這個論點來自亞里斯多德。如前所述，他的中心概念就是人可以藉由培養正直的習慣，變成一個更好的人。成為大英雄或大壞蛋的機會不是天天都有，所以我們能做的就是從日常的瑣碎小事中自我要求。我雖然很贊同亞里斯多德的看法，但還是要鄭重補充兩點。第一，心理學研究發現人格特質會因情況而改變。平常親切友善的人遇到非常時刻，可能會變成自私鬼。同理，謹守自助早餐原則的人，有可能較難抵抗更大的誘惑。[79] 重點不是注重小事就一定能成為更好的人，但至少不無幫助。只要我們在保有習

79 更多有關人格的變化無常，見John M. Doris, *Lack of Character* (Cambridge University Press, 2002)。

慣的同時，不時思考自己為什麼要繼續維持這種習慣，就能提醒自己哪些美德是我們想保有的。

第二，在倫理學裡，大原則或許會以小事來呈現，但把一件事直接轉換成另一件事是很危險的。以自助早餐的例子來說，偷拿食物的人或許是出於節儉或討厭浪費的高尚動機，壓根兒沒想過這麼做有倫理上的問題。我們不應該因為一兩件我們認為有問題的小事，就斷然指責他們道德散漫。畢竟，用單一的負面人格特質來評價他人太過武斷，我們也不該養成動不動就評判他人的習慣。

其實根本沒必要偷偷摸摸拿走飯店的自助早餐，因為誠實面對通常也能達成你想要的結果。如果是小飯店，詢問飯店人員是否能帶走剩餘的早餐，對方可能會答應你。大型連鎖飯店多半會按照公司規定，丟掉剩下的早餐。在這種情況下，摸走一點早餐或許也不為過（我不是很確定）。

無論如何，重點是自助早餐怎麼吃才合乎倫理，原因不在於它給了我們當聖人或當膽小鬼的機會，而是因為它給了我們鍛鍊美德或壯大惡習的機會。注意這些看似無足輕重的小地方，你往往會發現，背後潛伏著更重要的東西，那就是品格。

什錦穀麥

我在家很少吃調理好的包裝食品，這點讓我很驕傲（當然了，起司和麵條這類一定要經過加工的基本食材除外）。什錦穀麥算是一個例外。但外面賣的什錦穀麥多半添加了大量的糖和蔬菜油，所以我曾經想自己動手做。我到處搜尋食譜，卻很少看到中意的，而且不少都跟外面賣的一樣又甜又油。

後來我終於做出了比較滿意的成品。我把大燕麥片、各種種籽、堅果跟濃縮蘋果汁混在一起，讓所有材料都黏在一起，但又不至於黏到分不開。然後將材料鋪在一個烤盤中，用攝氏約一百四十度的溫度烘烤，更低一點也無妨。不時攪拌一下，不要讓它們結塊，烤到上色就可以拿出來，把什錦穀麥放在烤盤中繼續收乾，冷卻之後它們就會自然散開。

這樣做出來的成品跟以前我試過的一樣有點過焦，尤其是堅果，或許應該最後再加堅果才對。後來我就沒再試了，心想自己動手做這種食物或許太不自量力。而且後來我發現兩三種既好吃又不會太甜太油的牌子。堅持什麼都要自己動手做，並非我鼓吹的性格。明明是一種享受，卻變成在上人格修養課就不對了。其實在家用烤爐普及之前，窮人很少像現代人這樣在家煮飯。在發展中國家的貧民區裡，外帶和小吃是一種便宜的選擇，而非放縱，因為買燃料回家為一家人煮飯，要比由一個人為很多人煮飯更貴。在西方現代社會，經常在家做飯是有閒人的特權，至少得時間彈性的人才辦得到。

我曾經在別的地方吃過一兩次很棒的家庭自製什錦穀麥，所以我的意思不是你做的絕對贏不過外面賣的。我的意思是，如果市面上的選擇已經夠好了，就沒有必要一定得自己動手做。

十四、減重教我的事 Lose weight

意志力的效用和限制

「你在逃避事實，朱利安。」音效師說得沒錯。他把無線麥克風別在我的腰際，清楚看見我的肚子快把褲子給撐開。我下定決心不能讓褲子尺寸再大一號或腰帶再退一格，但這股決心到頭來只是讓我的衣著舒適度大打折扣，卻沒改變我的飲食方式。這些年來，我的腰圍緩慢但持續地擴大中，公釐變公分又變英吋。我希望能在它影響健康之前採取行動，所以才會屈服於這個看似不可避免的選擇：開始減重。

我在六個月內瘦了十二公斤以上。現在想起來卻覺得是個災難，原因且聽下章分曉。儘管如此，我並不覺得自己完全是在浪費時間。減重過程確實讓我學到了有關意志力的重要教訓。從某些方面來看，我偏好使用「自制力」（self-control）這個詞，因為「意志力」（willpower）暗示著這種能力是我們呼之則來的特殊能力，但其實根本沒有那種東西。然而，整體來說，「意志力」一詞最能清楚指稱我在這裡要說的東西：一旦下定決心就能做到的能力，即使你並不想這麼做。

這似乎是大多數減重人士缺少的一種能力。有些人常在小事上放縱自己，所以才會功虧一簣。例如早上乖乖秤了麥片的重量，卻又一邊往嘴裡多塞一兩口，騙自己說那不算數。或者晚餐都照規矩來，但覺得該給自己一點獎賞就配了一杯紅酒。有些人放縱自己的方式更極端，或許是不到中午就吃了一兩條巧克力棒，因為心虛就跳過午餐，但下午又飢腸轆轆，於是又狂吃高熱量零食。有人則乾脆放棄，放縱自己隨便亂吃幾天或幾個禮拜。

為什麼我們老是缺乏決心？看起來多半跟控制衝動的能力有關。你或許真的很想減重，但面對香甜布朗尼的誘惑，只要口腹之欲凌駕決心幾分鐘，再遠大的目標都會被打敗。針對幼童所做的實驗發現，從很小的時候開始，有些人抵抗或推拒誘惑的能力就比別人強。這種能力不僅跟減重有關，研究發現良好的自制力也是學業和事業成功的強大指標，心理學家安潔拉・李・達沃斯（Angela L. Duckworth）和馬丁・塞利格曼（Martin Seligman）所做的實驗更進一步指出，自制力甚至比智力更能預測一個人的學業表現。[80]（至於自制力是不是成功的因素就不是那麼確定了。[81]）

80 Angela L. Duckworth and Martin E. P. Seligman, 'Self-Discipline Outdoes IQ in Predicting Academic Performance of Adolescents', *Psychological Science* (December 2005), vol. 16, no. 12, pp. 939-44.

81 見'Rational Snacking: Young Children's Decision-Making on the Marshmallow Task is Moderated by Beliefs and Environmental Reliability', Celeste Kidda, Holly Palmeria and Richard N. Aslina, *Cognition* (January 2013), vol. 126, issue 1, pp. 109-14。

自制力和底線

有自制力跟沒有自制力的差別何在？從腦部掃描當然可以看出人在運用自制力時，腦部有哪些區域在發亮，但這並不一定表示一切都跟生理機能有關。如果我要阿德想個畫面，要阿珠想段音樂，他們的腦部掃描圖會出現不同的圖像，但我下的指示顯然才是他們思考哪些事物的主因，而非他們腦內的東西。有些人天生就缺少克制衝動的神經迴路，但這種人畢竟是少數，不能反映一般大眾的狀況。

既然如此，關鍵在於我們能否觀照自己的所思所想，也就是所謂的「後設認知」（metacognition）。在一次經典的實驗中，拒絕棉花糖的小孩並不比吃掉棉花糖的小孩不想吃糖，他們只是比較能轉移注意力去想別的事。

從我減重的例子來看，後設認知確實很重要。我真的很愛吃。如果你以為我沒放棄減重是因為我不為誘惑所動，那你就太不了解我了。我之所以能抗拒誘惑，一個原因就是所謂的「想清楚再決定」的後設認知。很多人半途而廢的原因，就是他們以為自己有清楚的目標，但其實他們想得還不夠透澈，所以實際上遠比他們以為的更搖擺不定。比方他們自以為已經下定決心不碰甜食，卻沒有考慮到另一個事實，那就是他們同樣相信偶爾吃塊蛋糕沒什麼大不了的，或是覺得經常壓抑自己沒什麼好處，或者認為適時給自己一點鼓勵才是對自己好。因此面對誘惑時，這些理由就成了他們做出「吃吧」這種決定的基礎。

這同時指出了戒癮時所說的「底線」的重要性，亦即無論如何都不能跨越的界線，即使那只有一根腳趾頭的距離。底線的存在是為了減少討價還價的危險。一旦給自己選擇，薄弱的意志力跟自我欺騙聯手的機會就會大幅提高。以「不能喝太多」這個規矩為例。多少才算太多？多喝一杯不算多吧？多喝兩杯也不過分？你知道最後會演變成什麼後果。「不能吃太多蛋糕」也一樣。吃一點還好吧？那麼連續三天都吃一點呢？

如果事先設下底線就比較容易克制自己，因為你很清楚該怎麼做，根本不用在心裡討價還價。「今天不碰酒」，就這麼清楚明瞭，如果有人遞酒給你，你知道忠於目標的唯一方法就是拒絕。

這個方法當然也有問題。首先，如果你不是真心相信底線這回事，只要碰到緊要關頭，你可能會毫不猶豫就跨越界線。例如如果你其實不認為喝杯酒有什麼差別，那麼就算設下底線也無法阻止你喝酒。所以光設下底線不夠，你還必須相信它值得你遵守。

另外，底線設得太嚴格也有問題。減重不是攸關生死的事，如果每次看到美食，腦中就會冒出一條「禁止跨越」的界線，生活未免太悲慘、太戰戰兢兢了。

那麼到底怎麼設底線才有用？首先要記住，從某方面來說，底線通常都是自己說了算。拿戒菸來說。無論你抽不抽任何一根菸都不重要。你抽的這根菸或下根菸是不是最後一根並無差別，但如果每次決定要不要抽菸時你都會冒出這個想法，你就永遠戒不了菸。要知道，哪根菸是你抽的最後一根菸由你說了算，但一定得有這麼一根菸，而一旦決定哪根菸是你的最後一根菸，你就得遵守到底。

減重也是一樣的道理。要不要喝一杯酒或吃一塊蛋糕並不重要，那跟你最後能不能減重成功或晚上下廚要不要用油無關。單一的決定並不會影響最終的結果，但為了避免類似的決定不斷累積，你必須告訴自己：「我心裡有把尺，我不想逾越尺度。」單獨來看，每個決定都是你說了算，但下決定時不讓自己討價還價就是心裡的那把尺，因為那是達成目標的唯一途徑。

然而，提醒自己每個決定都是自己說了算，確實有其幫助。所以在越界的情況下，你可以說：「沒關係的，只要下不為例。」只可惜一般人都很在意規則，一旦打破規則就覺得整個計畫都毀了，最後甚至乾脆就豁出去了，抽完整包菸、喝下整瓶酒，或吃掉整塊蛋糕。

駕馭衝動

除了「底線」這個概念，我們也從戒癮學到鍛鍊意志力的另一種技巧：駕馭衝動。我發現雖然有方法可以降低減重帶來的飢餓感，還是沒有避免飢餓感的保險方式。減重期間，沒有「不知不覺跳過一餐」這麼好的事，但你可以「駕馭」飢餓感引起的衝動。我第一次會這麼做完全是意外。當時我正要去開會，因為肚子很餓所以想吃根香蕉，但又沒帶香蕉，等到有機會買到時已經沒那麼餓了，而且時間也快中午，所以我就沒買香蕉了。過了幾天類似的事再度發生，從上次的經驗我學到有時可以「駕馭」衝動，過一會衝動就會消失。沒被滿足的欲望往往會就此放棄。

之後我就開始駕馭衝動。這不表示肚子餓都不用管它，而是給它一個機會自動減弱。如果沒有減弱呢？在背後支撐你的力量來自「觀照當下」(mindfulness meditation)。同樣的概念套用在減重上，就是要你超然觀察自己的飢餓感。「我肚子餓」通常不會被視為一個純粹的想法，反而暗指著「我該做點什麼」。這裡的挑戰就是把這個想法單純當作只是一個想法。「我肚子餓。」很好，所以呢？沒事啊。我只是肚子餓了。肚子餓又沒什麼，更嚴重的痛苦都有人挨得過去。這點不需多作解釋，就好像慾望被挑起時不一定都要做愛或自慰，而肚子餓也不一定就要吃東西。只要接受這點，真心接受並相信，就會有很大的差別。

心理學教我們最重要的一課或許是，人的意志力有限，有時甚至會造成反效果。這在食欲方面的研究是一個重複出現的主題。我在一頓節制而適量的晚餐上，有幸跟該領域的專家討論了這個問題。三位專家分別是布里斯托大學的傑夫·布榮史東（Jeff Brunstorm）、彼得·羅傑斯（Peter Rogers）以及夏綠蒂·哈德曼（Charlotte Hardman）。「從心理學家的角度來看，說自制一定是自覺的並不正確，」布榮史東告訴我。人有種刻意而為的認知能力，「用來跟食欲之類的衝動抵抗，最後做出幾乎違背意願的決定：不吃東西。」但他認為，「如果以為做不到這樣就是缺乏認知控制能力」，或「以為不自覺的行為就是壞的，有自覺的自我節制就是好的」，那就錯了。想想開車的例子。控制車子的人顯然是你，不然還有誰？但有時你會不自覺自己正在開車，如果因此就說你沒把心思放在開車上也很奇怪。

放到食欲和飲食的層面來看，布榮史東和兩位同行都發現，「控制飲食的能力，即有自覺地控制食物攝取量，跟（低）BMI值之間沒有太大的關係。如果有的話，也是相反的關係：體重越重的人越喜歡控制自己的飲食。為什麼會這樣還不很清楚，但彼得·羅傑斯所做的研究指出，經常在腦中刻意地進行自我限制，會導致認知表現下降。實際上就是你花了太多力氣要求自己做一件事，因此就沒有其他力氣做別的事了。這意味著後設認知雖然可以在面對單一誘惑時壓下衝動，但把它當作中期或長期的策略可能沒效。

研究也發現，食物對生理的影響，跟我們認為的「足夠」關係不大。「標準的一餐不可能會讓你飽到不行，」羅傑斯說：「所以生理感覺到的變化，相對來說也不大。」這就是為什麼失憶症患者很快會忘記自己已經吃飽，不小心又多吃一餐。「他們不覺得飽，」布榮史東說：「只覺得不舒服。」同理，不知道自己的湯碗底下有個洞會自動把湯填滿的人，也會不知不覺喝下比平常更多的湯，因為在他們腦中那只是一碗湯。

以上舉例及類似情況都顯示出布榮史東所說的「胃腸反應的微調作用」。這個作用背後的基礎是，你對吃過的食物的記憶、對吃飽的認知，以及這種認知在你心中的強度。好消息是，如果你想控制飲食，有不少足以影響這些因素、拉下潛意識的食欲控制桿的方法。最簡單的方式就是訂計畫。一般人有什麼就吃什麼，只要東西不是太糟糕。所以煮飯或點菜時拿捏好分量，就比較不會吃太多。我們要抵抗的是人喜歡追求保障的天性，也就是寧可多吃也不要少吃的習慣。這就要提到我所說的「小菜矛盾」。在酒吧點餐時，大家老是喜歡問：點這些小菜夠嗎？於是又多點了一盤免得不夠吃。換作在餐廳就比較少發生這種事，因為永遠可以稍後加點。我們都應該把一個小原則內化：每當你問「這樣夠嗎？」的時候，就當作已經夠了，因為不夠永遠可以再加。

身心合一地吃

專心也很重要。人分心時往往吃得更多，無論使你分心的是別人（用餐的人或周圍的人）還是電視，所以布利亞．薩瓦雷說得沒錯：「美食主義跟暴飲暴食水火不容。」這是因為貪吃的人只是稀哩呼嚕吃下眼前的東西，心卻不在食物上面。[82]同樣的，哲學家貝瑞．史密斯（Barry Smith）告訴我：「暴飲暴食的人從食物上沒有得到足夠的喜悅和享受，所以經常在找別的東西來滿足自己：『不夠不夠。再給我一個甜甜圈。』」

你相信東西能帶來多少飽足感，也會影響你吃下肚子的分量。這就是一般比較推薦小盤食物的原因，因為同樣分量的食物放在大盤子上看起來就是比較少。布榮史東等人也發現，描述餐點的方式也會影響飽足感。一般人如果相信自己吃的是瑪莎百貨的「飽足感加長餐」，就會覺得比較不容易餓，無論是否真有這種效果。

這些情況在在強調人是身心合一的動物，意識和無意識層面皆有之，兩者互相影響，密不可分。說人類用腸胃思考並不誇張，因為我們的腸胃大約有一億個神經細胞。[83]有些研究人員稱「腸神經系統」為人類的「第二大腦」，同樣會影響我們的思考和感受方式。布榮史東認為，把心理和生理視為兩個不同的系統並不妥當，「應該把人當作一個整體」。

82 Jean Anthelme Brillat-Savarin, *The Physiology of Taste* (Vintage Classics, 2011), Meditation 11, p. 155.

83 Adam Hadhazy, 'Think Twice: How the Gut's "Second Brain" Influences Mood and Well-Being', *Scientific American* (12 February 2010).

意志力其實很複雜且擁有多個面向。然而，越來越多人藉由醫療方式達到減重的目的，其中又以減重手術最多。減重手術包含一系列的選項，大致可分為兩種。一種的目的是抑制吸收，也就是阻止身體正常消化食物，讓身體把沒消化的食物排泄出去，胃繞道手術即可達成這個目標。第二種是藉由置入胃束帶縮小胃容量。

研究發現，進行這類手術十二個月後，患者平均減少了百分之五十八的多餘體重，高血壓、高血脂、二型糖尿病、睡眠呼吸中止症也有改善。但當你發現這些為減重手術辯護的說詞都是由英國減重外科醫學會所提供的，不免心生懷疑。不過該研究是根據八十六家醫院的資料彙整而成，應該有一定的可信度。

有個醫生在醫療雜誌《脈動》(*Pulse*)網站上的評語，反映了大眾對這類新聞的普遍反應：「我有更好的方法，那就是少吃、多動，也能證明它真的管用……這類手術反映出社會大眾在耳濡目染之下，對健康問題越來越無助，也不為自己的健康負起責任。肥胖幾乎沒有藉口可說。」[84]

這番話是有點道理，但我們不能忘記，少數肥胖者確實有生理方面的問題，況且我們也不該忽略暴飲暴食的心理因素。很多人心情差或壓力大時就會變胖，告訴這種人要節制往往效用不大。不過大多數嚴重超重的人，確實是因為缺乏自制力而吃下過量的食物。

84 回應Lilian Anekwe, 'Study Offers "Definitive Proof" for Bariatric Surgery Benefits' (15 April 2011)的貼文，www.pulsetoday.co.uk

無論肥胖的起因為何，為什麼很多人聽到用手術治療肥胖就會覺得不妥？為什麼大家似乎都認為人**應該**靠意志力減重？仔細想想，從來沒有一種規範不許我們降低對意志力的依賴。我們或許會欽佩純粹靠決心戒毒成功的人，但如果有藥物能夠幫助人降低毒癮，一般人都不會覺得服用這些藥物有錯。另一方面，我們認為正在減重的人設法減少家中的誘惑是明智的作法，但假如他們在冰箱裡塞滿蛋糕和起司，藉此測試意志力的極限，我們會認為這樣的人很蠢，而不是稱讚他們自制力超強。那麼我們為什麼要反對可以讓減重較不依賴意志力的手術？

我很努力想找出一個好理由。當然了，沒有必要把減重手術當作第一選擇，因為我們希望鼓勵大眾吃得健康，而且手術必定有風險。但實際上也沒有人大力建議肥胖者把減重手術當作第一選項，這類手術對病態型肥胖效果最佳，而非一般肥胖者。如果手術對他們有幫助，也能減少肥胖引發的健康問題，似乎不是壞事。如果運用意志力的真正意義是，一旦決心做一件事就堅持到底，不被喜好影響，那麼改變喜好似乎也是達成同樣目的的合理方式。

意志力或許不是自我節制的最佳表現方式，但無論如何它都是我們應該重視的一種能力。即使你一心只想要享樂，但有能力在某程度上控制自己，往往能得到更大的樂趣。況且，追求快樂的過程中若有嚴重的負面效果，將會破壞中期或長期的享樂。聰明的享樂主義者不會只看眼前的苦樂，而會把未來考慮在內。

即使放縱自己不會造成長期的傷害，還是付出了經濟學家所說的「機會成本」：另一個選擇可能收益更多，所以選了這個就喪失了另一個選擇。齊克果在《誘惑者日記》（*Diary of a Seducer*）中精彩呈現了這點。誘惑者就是活在齊克果所謂的「美學領域」中的典型人物。他的生命都為了當下、立即的激情而存在，但因為深諳感官滿足之道，他體會到這種時刻需要事先準備才最完美，因此當下縱情享樂可能會讓更長遠的享樂打折扣。他可以找妓女或其他放蕩的女人輕易滿足欲望，但難度和挑戰反而讓誘惑更加甜美。[85] 我必須說明齊克果並沒有提倡這種生活。最後他認為，為了眼前的享樂而活，只滿足了人性中即時的欲望，並沒有滿足隨時間延長的欲望。無論如何，他的描寫都顯示美學經驗的高度，不一定是靠滿足當下欲望而得到的。意志力在美學層面跟在禁欲層面一樣有用。

這並不是說樂趣延遲得越久，強度就越大。應該說，不管是何種享樂，我們都得在延遲享樂和即刻滿足的利弊之間取得平衡。以蛋糕這個簡單的例子為例。每天吃蛋糕，（對大部分人來說）蛋糕就沒那麼美味，但這不表示一個月吃一次蛋糕，你的滿足程度就會比一天吃一次蛋糕多三十倍。我認為一週吃兩三次蛋糕得到的滿足感最大，只可惜對我的生活方式和新陳代謝來說，這樣還是太頻繁了。

85 In Søren Kierkegaard, *Stages on Life's Way* (Princeton University Press, 1988).

說到這裡，我們應該仔細區別延遲享樂和否定滿足感之間的差別。想要忽略欲望的存在，最後可能變成清教徒，把世俗的享樂都當成擾亂人心的陷阱。我們不希望變成像亞西西的方濟各（Francis of Assisi）那樣。根據當代一名傳記作者的記載，方濟各相信「滿足需求的同時，必然會屈服於享樂」。他很少「自己烹飪食物」，真要下廚的話也「經常拌入灰燼或加入冷水沖淡味道」。[86]對我來說，自制不是迴避邪惡的誘惑、阻止自己享樂的方式，反而是一種盡情享樂、同時不忘享樂不是人生全部的方式。

減重期間，我的確更加了解意志力運作的方式。設下清楚的底線、避免顧此失彼的判斷、觀照飢餓感並練習駕馭飢餓感，做到這些就足以達到我的目標——堅持到底，並提早減到預定的體重。只可惜最後還是得不償失。原來我堅持不放的，是一個終究會失敗的減重計畫。

86 Thomas of Celano, *The First Life of St. Francis* (1229), Chapter 19, §51. www.indiana.edu/~dmdhist/francis.htm

湯品

湯一直是減重者長久以來最愛的選擇。因為湯裡幾乎都是水分和蔬菜，所以不管吃多少都不用擔心攝取過多卡路里。喝湯會有飽足感，所以你就不會太在意有沒有吃飽，此外湯也十分美味。

多年來，湯一直給人跟流行絕緣的印象，或許是因為一九七〇年代，地方小餐館常推出「每日例湯」（幾乎都是奶油番茄濃湯），久而久之就給人這種聯想。近年來，飲食作家和家庭煮夫煮婦們又開始愛上湯料理。不過我們其實根本不需要特定的食譜，只要知道湯大概怎麼做、不同食材怎麼搭配，然後多多嘗試就行了。

除了少數例外，幾乎所有湯的第一步驟都是把紅蔥、大蒜、洋蔥、芹菜或胡椒等香氣十足的蔬菜放進鍋裡慢慢炒軟。你可以不斷摸索哪種材料適合加奶油，哪種適合植物油。我聽說過一個方法還滿有用的：土裡挖出來的適合奶油，長在藤蔓上的適合植物油。

把蔬菜炒軟之後，就可以加點香料。如果要加肉，可以在這個階段快速把肉煎成褐色，然後再加進主要的蔬菜、豆類及高湯。廚師都會建議你自己做高湯，但我擔心人生太短，所以大多時候我都買好品質的清肉湯。另外我也會用足夠的香料、香草和味道濃厚的食材增添風味，不讓高湯味蓋過所有味道。要加多少高湯得看你想喝什麼湯而定，是水分很多的清湯，還是類似燉菜的濃湯？

轉成小火慢燉後可以加進乾燥或耐煮的香草，新鮮羅勒或洋香菜這類較細緻的香草可以最後再加。香草往往是決定一鍋湯美味或平淡的因素。同樣的，多多嘗試不同的組合，不過迷迭香跟很多蔬菜和白豆都很搭。想要更多變化，可以在最後加進米、珍珠麥或湯用義大利麵。最後一個選擇是要不要用攪拌器把湯打碎。有時候我喜歡拿番茄壓散器讓湯滑順一些，但又不至於變成濃湯。或許也可以把一半湯用攪拌器打過再倒回剩下的湯中。

煮多久才夠？同樣因人而異，不過很多湯用慢火燉個兩小時最是美味。我的義大利外婆就是這麼做義式蔬菜濃湯的。這樣味道會更加濃郁，隔天再吃通常也很美味。

湯妙就妙在原則很簡單，卻可以變化無窮。我最喜歡的組合是加了紅蘿蔔、芹菜、馬鈴薯和奧勒岡葉的義式蔬菜濃湯；還有加了白腰豆和迷迭香的清肉湯，或許倒進一碗炒菠菜再灑上檸檬汁跟橄欖油一起吃；以及番茄、地瓜、紅椒、紅扁豆和紅蘿蔔配上紅椒粉和孜然燉成的又濃又順口的「紅湯」。

十五、不復胖比減重更難 Keep weight off

謙卑面對我們的身體

即使大家看到我減重成功都恭喜我脫胎換骨，我仍不忘提醒他們和自己，相對來說，減重算是比較簡單的部分，真正困難的是不再復胖。就算是靠節食減去可觀重量的人，幾乎日後都會復胖，而且往往一年內就會，很多甚至胖到比減重之前還胖。[87] 加州大學洛杉磯分校針對三十一個長期的節食研究進行分析，珍妮・富山（Janet Tomiyama）也是參與者之一，她提出了令人沮喪的結論：「四年來增加的體重的一個最佳預測指標，是研究開始前的幾年間靠節食減去的重量。」[88]

我當然並不覺得自己會是這些「累犯」之一。畢竟我好不容易才下定決心不能讓努力白費。但值此寫作之際，離我減重成功已有十八個月，我的體重多少已經恢復原樣（奇怪的是腰圍倒是沒增加）。然而，這還不是整個過程最令人抬不起頭的部分。

我發現了自己這些年來不怎麼令人自豪的傾向。肚子餓、缺乏熱量常會影響我的心情，最好的形容方式就是強烈的不足感，比方能量不足、耐心不足，所以動不動就發脾

87 不同例子也出現在其他著作中，例如 Gina Kolata, *Rethinking Thin* (Picador, 2008) p. 158。

88 T. Mann, A. J. Tomiyama, A. M Lew, E. Westling. J. Chatman and B. Samuels, 'The Search for Effective Obesity Treatments: Should Medicare Fund Diets?' *American Psychologist* (2007), 62, pp. 220-33. UCLA的一份新聞稿引用了富山的話（3 April 2007）。

氣、對人無禮。也難怪會這樣，畢竟我常常處在血糖不足的狀態。最可憐的是我的另一半，因為這些狀況主要都在家中表現出來。但她很了解「疲勞×肚子餓=暴躁+易怒」在我身上是不可逆的定律，所以我私底下越來越常露出最不討人喜歡的一面，對她來說並不是什麼驚人的現象。

比較麻煩的應該是我在外面的表現。我發現自己排隊時常擺出一副臭臉，儘管錯不在服務人員。其他人也跟我一樣在排隊，但只有我手叉腰，在一排人群中尤其明顯。最糟糕的是，有一次我對著跳蚤市場一個幫我們帶路的雞婆女人比手劃腳，我原本想反正在車裡她也看不到，但我敢說她一定看到我了。實在很丟臉又可悲。

我也發現自己在討論時變得比較強勢，對不守時的人也比較不寬容。「節食讓這些缺點變得更明顯、更頻繁也更嚴重。但其實它們一直都存在，」當時我在一本期刊上如此寫道，「我希望趁這個機會改掉自己的缺點，就算不再節食，也能從此脫胎換骨。」

想笑就笑吧。我謙卑地接受了自己的缺點，卻又自大地以為自己輕易就能改掉缺點。但節食結束不表示馬上就能找回從前那個比較溫和的我，達成煥然一新的我就更不用說了。我重拾了原本就還沒徹底戒掉的壞習慣。說穿了，減重讓我看見了平常那個我的誇大版。我在飢餓中看見自己的真面目，而且不是值得驕傲的一面。

為了更能控制自己，你必須接受很多事你無法控制

幸好我的很多缺點都只是一般常見的缺點，例如像是心理學家發現的一種稱為「自我耗損」(ego depletion)的現象。[89]這是指我們的意志力是有限的，因此如果在一件事上消耗光，就無法分給其他事，所以才不建議同時從事兩件需要強大意志力的事。或許這也可以解釋為什麼我下午明明還能接受並觀照自己的飢餓感，等到遲遲未見晚餐時就失去了耐心。

就是這樣我才在減重過程中發現，原來我受自己無法控制的生理機制的影響那麼大。再舉一例。心理學家也指出，人堅持到底的能力有很大程度是依賴血糖指數。[90]所以少吃少喝反而讓你更難抵抗大吃大喝，這很像對減重者開的一個邪惡的玩笑。

意識到我的心理狀態很大程度依賴生理狀態，不免讓我感到不安。原因有幾個。第一，我驚覺無論人怎麼努力開拓知性或靈性生活，人終究還是動物。一個人的好壞取決於許多因素，但無論什麼時候，其中一個因素或許就是：身體自有其規律。或許你會說，我的改變相對來說不算太大，所以我可能言過其實了。恰恰相反。我的例子之所以令人不安是因為，如果少吃就會明顯影響我的行為舉止，那麼更嚴重的生理失衡對一個人會造成多大的影響？你或許覺得春嬌的為人比志明好，但那或許只是因為春嬌的身體

89 見Roy F. Baumeister and John Tierney, *Willpower* (Allen Lane, 2011)。
90 同上，Chapter 2。

更適合發展溫良的性情，而志明的身體卻會造成情緒混亂。

這就要說到自由意志能到什麼程度的問題了。自由意志這個議題出了名的棘手，但人的所作所為是否都是大腦和身體的作用產生的結果，非我們所能回答，只好先把這個深奧又抽象的問題暫擱一邊。無論在這種意義下我們是否「終究」是自由的，根據自己的決定所做的事（儘管純粹是根據物理定律在運作）仍然有別於他人強迫我們所做的事。同理，清醒時所做的選擇，也有別於受強效藥物影響而做出的行動。

從某些方面來看，這當然無庸置疑。但是我的減重經驗和我參考的心理研究讓我不禁懷疑，其中的差異或許不像表面看來那麼清楚。或許有更多我們平常沒注意的選擇和行為，其實不過就是不可見的血糖變化所造成的直接結果。換句話說，我們受制於荷爾蒙和血糖的程度，跟酒鬼受制於酒精或毒蟲受制於大麻的程度不相上下。通常唯有當體內平衡改變時，我們才會注意到這點。但如果我之所以暴躁易怒只是因為身體暫時失常，那麼是否也可以說，我不常暴躁易怒只是因為這是我身體的常態？一個很難相處的人不一定是比我糟糕的人，他們只是不像我那麼幸運，只有在節食期間和之後需要忍受難搞的身體機制，他們得天天跟這樣的身體機制搏鬥。

這裡有個或許可供安慰的想法。之前我就說過，我並非完全無法控制自己。我可以提醒自己、跟人道歉，或稍微調整自己。或許這才是自由意志（沒有更好的稱呼，只好暫用）的真正意涵。我們當下的感受、想法或行為往往是出於自然而然的習慣，指責也沒有意義。或許你就是會忍不住幸災樂禍、嘲笑或嫉妒別人，但你可以決定怎麼面對這種感受。你可以選擇要不要調整自己的感受，也可以選擇以後要怎麼做才能減少這樣的感受。矛盾的是，為了更能控制自己，你往往必須接受很多事你都無法控制。由此可知，自由意志的重點不是第一次就做對或做錯，而是自我修正的能力。

看見自己缺點畢露、發現自己無力抵抗生理的變化、面對自由意志的極限，讓我不得不吞下更多屈辱，也難怪我的腰圍又變大了。最教人沮喪的是，一開始我差點就想通這一切，事實就明擺在我的減重計畫的大原則裡面，但我視而不見。

我很早就發現，大多數人減重成功後又復胖的原因，就是減重時跟減重後的生活方式太不一致。減重之後也要控制體重，兩種生活方式才能互相銜接。這點亞里斯多德一定能理解。他認為知道規則還不夠，因為人是習慣的動物，不可能會在每次（甚至很少）面對選擇時都停下來思考怎麼做才正確。

無論是減重前或減重後，減重都違反了日常的習慣。開始減重時，你必須大幅改變每天吃的東西，因此遵守新的、嚴格的飲食方式更顯困難。而一旦停止減重，恢復原來的飲食方式，又跟減重時的飲食方式大相逕庭。這也表示你在減重過程中，幾乎沒學會怎麼樣才不會復胖。

有些人發現了這個問題並試圖改善。他們主張應該從此改變飲食方式，但最後總會變成不切實際的要求，尤其如果你是那種享受美食和生活的人。例如低GI飲食就提倡少吃「紅色食物」，包括起司、全脂優格、貝果、披薩、甜瓜、玉米餅，還有一天喝的酒不能超過一杯。抱歉，辦不到。同樣的，我相信那些提倡差不多嚴格的時髦減肥菜單的人（一週有兩到三天嚴格要求自己攝取的卡路里量），多半不可能餘生都採取這種逼人發瘋的飲食方式。

謙卑也算是一種吃的美德

所以減重的核心原則很簡單：不要改變飲食方式，改變飲食的內容。就從你平常吃的東西開始調整。最簡單的方法就是減少額外的、不必要的卡路里，例如酒精飲料、蛋糕和甜點。我說的是減少，不是拿掉，因為減重需要時間，期望一個熱愛美酒和蛋糕的人一年半載都不碰這些東西，太過不切實際。

我相信這個原則是對的，但我的落實方式卻大錯特錯。雖然我並沒有大幅改變飲食內容，但我減重期間跟平常吃的量卻差距很大。五個月瘦十二公斤聽起來很厲害，但減重的黃金定律是：瘦下來的速度越慢，胖回去的機率就越小。我用這麼快的速度瘦下來，對心理、甚至生理都產生影響。除了激起我的負面個性，我也變得太在意下一餐。到頭來即使減重結束了，我還是改不掉老想著什麼時候「可以」吃下一餐的心態。但控制食量的健康心態應該是：我什麼時候「準備好」要吃下一餐。值此寫作之際，我還在調整這些習慣成自然的心態，要不是之前我戒掉壞習慣時也說過類似的話，我會說到目前為止還算成功。

五個月來我攝取的熱量比我消耗的熱量還少，但新陳代謝和荷爾蒙的改變卻對減重後的我毫無幫助，這樣的結果很令人不可思議。身體如果沒得到足夠的熱量，就會想法子放慢速度，減少對熱量的需求。最近有個研究的結論是：「身體會因為卡路里減少而產生劇烈的改變以作為補償，包括大幅減少能量消耗。」即使你停止減重了，這些改變仍然存在。「瘦下來超過一年的人，他們的身體仍然會出現不成比例地降低能量消耗的現象。」所以，減重後如果你回復原來的食量，勢必會變得更胖。同一份研究也發現，控制食欲的荷爾蒙在減重後也會失調，讓你想吃的比需要吃的更多，而且最久可以延續到減重後一年。[91]以我的例子來說，我相信減重確實造成這些改變，因為我並沒有恢復過去的飲食習慣，卻還是胖了，而且胖得速度比以前快很多。十年來遊走於「吃太多喝太飽」邊緣，我也才胖了約十公斤，但短短一年的節制飲食，卻讓我把減掉的十公斤又胖回來。

91 Priya Sumithran, Luke A. Prendergast, Elizabeth Delbridge, Katrina Purcell, Arthur Shulkes, Adamandia Kriketos and Joseph Proietto, 'Long-Term Persistence of Hormonal Adaptations to Weight Loss', *New England Journal of Medicine*, 365 (27 October 2011), pp. 1597-604.

或許即使慢慢瘦下來，時間一久也會再胖回去。很多研究人員相信，從實際證據來看，身體是一種體內平衡的系統，會調解卡路里的攝取量以維持穩定的體重，這個體重是基因加上環境的產物，尤其是童年的經驗。[92]我最直接想到的可能證據是，吃太多和吃太少的差別太小，所以不可能是刻意為之的結果。以我的例子來說。我十五年來總共胖了十五公斤，平均一年胖一公斤，以營養學的用語來說，我每年攝取的卡路里比我消耗的卡路里多了七千七百卡。以一週來算，還不到一百五十卡。所以雖然有人苦口婆心說我可能吃太多蛋糕或喝太多酒，但依照標準的測量法，我不過就是一個禮拜多吃了一大根香蕉。或者，若以動太少的角度來說，我就是一天少走了四十分鐘（正常速度）。

但是如果這麼小的差距就會對體重產生影響，而一般人對食物含有多少熱量也沒有清楚的概念，你就會以為體重的升降幅度很大。其實不然。為什麼？因為身體善於自我調節。除非吃得超多或超少，我們的體重才會暴肥或暴瘦到遠超過身體希望的「目標體重」。這其中的生理機制相當複雜，但基本上就是身體製造的荷爾蒙（最常聽到的是瘦體素）會告訴大腦它還需不需要食物，你餓不餓就是由這個決定的。但傳達過程會有一段時間的間隔，所以一般建議吃完東西後如果還覺得餓，可以等至少二十分鐘後再決定要不要再吃。不過有些人的食欲荷爾蒙似乎就是比較不會失準，不會吃下過量的食物。

這當然可以成為一個很糟糕的藉口，畢竟有些人會發胖就是因為明知道不需要吃那

92 Gina Kolata, *Rethinking Thin* (Picador, 2008), pp. 158-9.

麼多，卻還是吃太多。其實只要循序漸進，就能改掉這個習慣。以我來說，我常覺得肚子餓不表示我的身體一定要我填飽肚子。此外，我認為肚子餓（需要吃東西）和嘴饞（想要吃東西）是不一樣的。有時我甚至覺得，我的實際體重跟理想體重之間的差距，不過就是肚子餓和嘴饞之間的差距。

所以現在我坐在這裡，變得比以前更謙卑，因為我看清了自己的缺點，以及人類與生俱來的限制——身體雖然屬於我們，卻不完全受我們控制。我唯一的安慰是，只要不淪為無謂的自怨自艾，謙卑也算一種美德。不會有人因為更了解自己的侷限而愧為人類。我們不該對自身的侷限視而不見，唯有了解自身能力的限制，才能將我們擁有的能力發揮極致，甚至學會增強原有的能力。

松露油

布里斯托的米其林餐廳 Casamia 的老闆桑切以萊席亞斯告訴我，有個簡單的方法可以做出又好又讚的料理，那就是使用又好又讚的食材。不過這對廚師來說有點無趣。「你可以買罐魚子醬，直接開來吃，」他說：「額外加工反而會毀了魚子醬。」另外像鵝肝（如果你相信有製造過程不殘忍的鵝肝的話）和龍蝦這類昂貴的食材，過度料理也會糟蹋食材。

因為如此，松露油很適合用來提醒人類在料理時要更加謙卑。這道食材會讓你發現，無論你覺得自己廚藝多高超，有時候主角是食材，不是你。例如，泡過松露的油（不是合成油，小心買到廉價的假松露油）能增添蛋料理的美味，淋在炒蛋和義式烘蛋上試試看就知道。松露油跟蘑菇也是絕配，所以蘑菇燉飯只要灑上這種油，美味程度馬上加倍。

你或許會想，這麼奢侈的食材怎麼能提醒人要謙卑呢？其實每次使用只需要幾滴，所以不比一大匙番茄醬貴多少。更重要的是，謙卑不是要人自我否定、自虐或禁欲。謙卑只是要你接受自己的侷限，而能引發謙卑感受的，通常是無以倫比的好東西。一個作家看到江山代有才人出，最能感到自身的渺小；一個廚師知道料理的成功不在他，而是幾小滴夢幻食材時，會更懂得謙虛自牧。

十六、禁食與齋戒 Fast

懂得自我管理才是真自由

我從沒吃過這麼美味的義式玉米粥和花椰菜，這都要歸功於廚師，也就是我的朋友喬治。但事實或許不是如此。由於這一餐為我十天的禁食劃下句點，而裡頭的起司和奶油都是禁食期間不准碰的東西，十天的小別也許讓食物嚐起來更加美味。

如果你跟人家說你今天禁食，別人通常會以為你這麼做是因為宗教或健康的理由，比方說給身體或靈魂排毒，擺脫肥油或罪惡。大家或許還會以為你什麼都不吃，雖然傳統的禁食往往只會選擇性而非全面性禁止進食。我已經遇過不只一個人誤解了《牛津英語詞典》裡對禁食的定義：「停止進食，或只吃少量食物。」比方最近再度興起的天主教週五禁食就只要求信徒，「停止吃肉，或一些其他種類的食物」以為贖罪。[93] 回教齋月期間只限制進食的時間，不少研究發現很多人在齋月期間反而變胖了。[94]

但是我禁食不是為了宗教因素，也不是為了減肥或排毒，而是因為我認為禁食雖然是種信仰的方式，但放在世俗的脈絡下也很有參考價值，說不定少了宗教的包袱更好。

93 Roman Catholic Church Code of Canon Law, Chapter 2, can. 1251. www.vatican.va/archive/ENG1104/_INDEX.HTM

94 例子可見'The Puzzle of Self-Reported Weight Gain in a Month of Fasting (Ramadan) Among a Cohort of Saudi Families in Jeddah, Western Saudi Arabia', Balkees Abed Bakhotmah, *Nutrition Journal* (2011), 10 (84), www.nutritionj.com/content/10/1/84 以及 'Weight Gain, Health Issues Threaten Muslim Fasters', NPR (30 July 2012), www.npr.org/2012/07/30/157594375/weight-gain-health-issues-threaten-muslim-fasters

幾乎所有宗教都對飲食設下某些限制，禁吃某種食物或定期齋戒就是最好的例子。這在修道院生活中尤其明顯，那裡的飲食通常簡單節制，而且都在固定的時間用餐。當然也不是所有規定都硬邦邦。本篤律則就准許修士每天喝半瓶酒，而巴伐斯特修道院的修士到今天仍然可以吃飯配啤酒或蘋果酒。畢竟本篤會修士唐．佩里諾（Dom Pérignon）可是香檳發展的關鍵人物，而中世紀神學家湯瑪斯．阿奎那（St Thomas Aquinas）則是出了名的胖子。胖修士在今天或許不常見，但拜訪過幾家修道院之後，我發現也不是沒有。

無論吃什麼，修士都會規範自己的吃飯時間。為什麼？沃斯修道院的前院長克里斯多福．傑米森（Christopher Jamison）說，現代人已經習慣想吃就吃、想做就做、想得到某樣東西就要去弄到手。所以才會有各式各樣的零食點心。同樣的，佛寺住持蘇奇多上師（Ajahn Sucitto）也說，太常吃東西會把進食變成一種「強迫性的活動，對生理層面並無必要，只是一種心理的習慣」。

或許我們認為想吃就吃，不受妨礙，就是自由。但這並不是哲學家或神學家強調且重視的「自主」。自主的字面意義就是做自己的主人。不假思索地滿足身體的欲望不是做自己的主人，而是讓衝動和欲望成為你的主人。

因此，真正的自由是能夠善用自制力，而不是被欲望和衝動牽著走。修士在特定時間吃特定的食物，就是避免自己屈服於欲望，也是斬斷欲望和行動、衝動和滿足衝動之間的連結的好方法。如傑米森所說：「這是一種對選擇保持高度自覺的方式。」

禁食比節食更能鍛鍊自主力

在世俗生活中，我們不像修士有嚴格的作息表，要如法炮製也太強人所難。然而，定期禁食可以幫助我們鍛鍊這種自主的能力，戒掉屈服於欲望的懶惰習性。

就是基於這個原因，我才會興起定期禁食的念頭。此外，我覺得這也是對食物更懷抱感激之心、更用心挑選食物、不要動不動就往嘴裡塞東西的好方法。不過我也不希望禁食不成反而落得自虐或苦刑。我的目的不是受苦，只是想藉此鞭策自己去在意真正重要的事物。

在尋找效法對象的過程中，我偶然發現了印度聖母節（Navratri）的慶典。聖母指的是夏克提（Shakti），掌管創造、改變的力量以及原始宇宙能量的女神。*Navratri* 在梵文裡意指「九夜」。慶典何時或如何進行因地而異，但基本上就是齋戒九天九夜，以第十夜的盛宴劃下句點。

我把自己的「齋戒」稱為 Novrati。因為拉丁文的 *ratio* 是指「想法」，novus 指「新的」，變成動詞就是 *novare*（更新、復興），而 *novem* 是「九」。也就是給自己十天（九夜）的時間更新飲食的方式和對飲食的想法。我決定一年進行兩次，大約在春分和秋分的時候。這樣也可以提醒我時間的流逝、生命的週期，以及萬物稍縱即逝。雖然我的確認為這麼做有助於節制食量，但仍一再提醒自己別讓這十天變成減重或排毒練習。這應該是心靈的鍛鍊（我想不到更好的詞），而不是身體的鍛鍊。此外，這十天除了是禁食，也是某種形式的慶祝。

這樣的禁食需要給自己立下一些規矩，不過我建議有意仿效的人要根據個人情況調整自己的方式。規矩應該有適當的難度，但又不至於把禁食變成折磨。

我給自己訂的規矩是一天吃三餐，中間不碰任何零食點心。我規定自己吃蛋素（不碰牛奶或乳製品，只吃蛋），不能喝酒或吃甜食蛋糕。對待每一餐都要用心，而且滿懷感謝。禁食的最後一晚我會跟家人分享一頓豐盛的大餐，但不是大吃大喝，而是一起慶祝美食的豐富多樣和帶給人的快樂。總之，中心概念就是用真正的自主、正確的行動和感激的心，取代假自主。

聽起來很棒，但裡頭有個大問題。既然規矩是你訂的，誰說你一定要遵守？「規矩自訂」難道不會種下失敗的種子？傳統齋戒的規定是外加的，所以才有效。如果我就是想吃條巧克力，誰會跳出來阻止我，把巧克力從我手中搶走？

事實上，這就是我的禁食在某種程度上比宗教齋戒更好的原因。正因為訂規矩的人就是你自己，所以這是最純粹的一種自主練習。最高境界的自由，就是心甘情願地節制自己的行為，因為你知道這麼做對自己有益。相反的，為了信仰而齋戒只是屈服於他人的意志。

節制有各種不同的方法。一種是靠我們之前提過的「實踐的智慧」。簡單的說，擁有實踐的智慧並不是擁有理論知識或某種技術，而是擁有建立在理性和經驗之上的判斷力。實踐的智慧的重點，可以用我多少視為座右銘的一句話來一言以蔽之：沒有一定的公式。好的判斷無法簡化成一套規則、一個方程式或一道程序。並不是說它很神祕或完全依賴直覺，因為我們確實可以歸納出幾個重點。但這些重點無法得出正確且一致的答案，或保證結果一定正確。

當我們變得越來越依賴標準、規定和程序時，實踐的智慧就已經漸漸式微。我們寧可遵守正式的規定並安於規定，也不願擔起做出正確判斷的責任。規定至上的方法有其吸引力。測量重量、計算卡路里、只吃安全食物的飲食方式讓生活變得更簡單，因為你要做的決定變少了，只要按照規定來並等待奇蹟發生就行了。

但我認為這種方法帶來的短期收穫，彌補不了它對實踐的智慧造成的長期傷害。你或許能靠計算卡路里減重，但長期來看，這無助於培養對維持合理飲食的良好判斷力。

你要不是變成一輩子斤斤計較卡路里的人，要不就變成減了重卻沒減掉錯誤飲食習慣的人。所以從某方面來看，管理各種細微之處並不是真正的自制，因為難以長久。計算卡路里的方式到了餐廳就行不通，因為菜單不會列出每項餐點的熱量或所有食材。死守規定的人一旦有個步驟漏掉、搞砸或忘掉，就會不知所措。真正的自制要考慮到無法掌控的因素，而真正的自主則是根據自我的判斷過生活，而不是想主宰生活中的一切。飲食如此，生活的其他面向亦然。

這就是為什麼我認為禁食比節食更能鍛鍊自主力，畢竟放大來看，節食跟決心比較有關，而非自我管理。這或許也是為什麼即使我很清楚禁食有點做作，還是覺得這十天很值得。我確實達到了戒掉壞習慣的目標，也督促自己吃東西之前先停下來想一想。十天似乎也是適當的長度，讓你覺得有點辛苦，又不會辛苦到讓你在禁食結束後只想大吃一頓。但這顯然不是改掉貪吃和亂吃習慣的萬靈丹，所以我才認為需要一年兩次。後來我決定更進一步，目前我正在實驗一週禁食一天，除了把蛋加到禁食清單上，其他規則都一樣。更頻繁鍛鍊有一定的幫助，因為積習難改，沒多久春風吹又生。

我不會說每個人都應該嘗試禁食。有些人或許沒有什麼壞的飲食習慣要改。而且就像我在這一部一再重複的論點，品格養成的過程包含所有的生活面向，從根深柢固的習慣到減重計畫都是。禁食只是很多方法中的一個，只要心態正確，就有助於我們培養自主、意志力和謙卑等等美德。然而，我想一般人都能從有計畫的自制和自我反省的練習中受益，不論那是否跟食物有關，或只是我們不經意的行為舉止。如果自主不只是做自己想做的事，那麼我們就有必要花時間鍛鍊自我管理的能力。怎麼吃或不要怎麼吃是一個很好的起點。好啦，接下來終於要回到吃的本身了。

燕麥粥

燕麥粥是我的標準快速早餐。雖然它最近又流行起來，但一直以來的「國民早餐」形象讓它吃了不少虧。確實是國民早餐沒錯，不過可一點兒都不單調無味。

假如你用心準備，而不只是把沸水沖進即溶包，那麼煮燕麥粥可以讓一天從容地展開。我越來越珍惜每天早上十五分鐘邊攪拌燕麥粥、邊思考嶄新一天和未來的寧靜時光。不開收音機，也沒有其他干擾，就像在冥想或是自我反省。花十五分鐘的時間做早餐對有些人來說或許太過奢侈，但如果我們只有五分鐘吃早餐，也是我們自己給自己訂的時間表，不是上帝的安排。

燕麥粥也是屬於前面我提過的「簡單但變化無窮」的料理。最簡單的就是把水、燕麥、鹽混在一起加熱攪拌即可。還有什麼比這更簡單？但事實上每個人煮出來的成品都不太一樣。你有把燕麥浸泡過夜嗎？你用的是燕麥粉（細顆粒、小顆粒還是中顆粒）還是燕麥片（大片還小片）？有另外添加牛奶嗎？如果有，是什麼時候加進去的？你的燕麥是一開始就加進水裡，還是轉成小火後才加的？煮的時間有多久？要煮到多稠或多水？吃的時候該加什麼？乾果？蜂蜜？紅糖？糖漿？煮的時候你是不斷攪拌或只是偶爾攪拌？選擇看起來不算太多，卻可以有無窮盡的變化，因為很多選擇都是多一點或少一點，而不是要或不要，所以分量可以自由拿捏。

除了禁食期間，平常的時候我會把一份燕麥（一半大燕麥、一半煮燕麥粥用的標準燕麥）混合三份半脫脂牛奶煮到滾，然後攪拌均勻，轉小火煮到我喜歡的濃稠度（稠而不黏），最後再加一小撮鹽就大功告成。水少一點，需要的時間就少一點，但口感比較不那麼滑嫩。根據我個人的經驗，滿滿一杯濃縮咖啡杯的燕麥分量，差不多剛好一個人吃；通常建議分量是五十克。

有時我會在燕麥粥快煮好時加些藍莓進去，在水果還沒完全裂開時端上桌。肉桂粉也不錯，尤其加了蔓越莓的時候。加乾果、堅果和烤過的種籽也行，看是要放進粥裡一起攪拌或灑在上面皆可。秋天時偶爾我會在旁邊放一盤糖煮蘋果和黑莓。作法很簡單，把水果放進深鍋裡加點蜂蜜一起煮就行了（不加也行），光是蘋果本身的甜味就很足夠了。

無論怎麼做，燕麥粥都證明了，只要用點心，簡單的料理也能讓人獲益無窮，而看似浪費時間的事情，反而會讓你有多出來的時間思考、反省、準備迎接新的一天。這也表示看似無聊的健康料理同樣能帶給我們樂趣，所以說「美德本身就是最大的回報」這句話未免太小看美德了。

第四部

好好地吃

——動物要吃飽，人類要吃巧，而只有聰明的人懂得怎麼吃才好。——布利亞．薩瓦雷[95]

95 Jean Antheleme Brillat-Savarin, *The Pleasures of the Table* (Penguin, 2011), p. 1。此書收錄了 *The Physiology of Taste* 的精華，但這句箴言我偏愛 Anne Drayton 的譯筆。

十七、感謝主賜我們豐盛的食物 Say grace

認真對待盤中飧

雖然我是個無神論者，但我一直很肯定宗教生活的真正價值，只可惜這些價值隨著信仰的沒落也逐漸消逝。宗教的一大好處，是將某些工作變成儀式並融入日常生活。當然有人做得好，有人做得不好。禱告可以是每天自我反省的時間，但也可能變成機械化的空洞話語。做禮拜可以是互相分享的時間，也可能會落入集體歇斯底里，變成主要在區別被赦免的「我們」和邪惡的「他們」。

享受了宗教的好處卻不真正相信教義的人，可能比你以為的還多。丹尼爾．丹尼特（Daniel Dennett）和琳達．拉斯克拉（Linda LaScola）甚至發現，有些牧師輕易就失去了信仰，卻沒有連帶失去工作。[96]我個人是沒辦法把所信和所做分開。我曾經以前基督徒的身分上過教堂，但台上的人滔滔不絕，我只好閉上嘴巴，瞪著自己的腳看。

宗教還有一點令人不滿，那就是對人類學的錯誤觀點。宗教肯定人不只是活在當下的動物，人類有高度發展的過去感和未來感，以及對自身和對所居處世界的感受。但宗

96 Daniel C. Dennett and Linda LaScola, 'Preachers Who Are Not Believers,' *Evolutionary Psychology* (March 2010), vol. 8, issue 1, pp. 121-50.

教無法接受人類無論如何都只是血肉之軀、終將一死的動物，我們的身體死後既不會被靈魂拋棄，也不會因為神蹟而復活。我們既不是只活在當下的禽獸，也不是永恆不朽的天使。人類是純粹生理性的動物，但透過心智整合經驗的奇妙方式，卻可以不僅活在當下，但也還不到永恆不朽的程度。

我在其他地方曾經闡述過，人類不過是但也不只是一堆物質。[97]我們有靈魂，但不是古希臘人認知下的*psuchê*（編按：soul）。靈魂並不是非物質的、精神的存在，而是人的腦袋和身體中的物質排列組合所產生的個別意識。因此我把人類稱為「靈肉一體」（psuche-somatic）的動物：心靈即肉體。因此，如何生活這個問題，就是在尋求一種適當的靈肉一體的倫理，既能解釋人類的動物性，也能照顧到個人的特質。雖然我到現在才提出這個詞，但「靈肉一體」是人類存在的本質這個想法貫穿全書，俯拾皆是。因為我們有過去和未來，但又沒有無窮盡的時間，所以我們才需要尊重彼此的需求和福利，重視人與人的相處之道。因為我們擁有反省和理性思考的能力，但思維能力有限，所以我們才需要理解並接受理智為什麼有時會做出不夠完美、甚至失準的判斷。而當我們培養意志力、自主和謙卑這些基本的美德時，我們也必須認清身體本身的限制，以及人如何避免成為身體的奴隸。

97 Julian Baggini, *The Ego Trick* (Granta, 2011)。尤其是p. 123ff。

感恩禱告

飲食是思考靈肉一體的最佳場域，因為人在吃東西時，動物性展露無遺。宗教雖然無法接受人只是血肉之軀，但這並不表示接收這個觀點的人無法從宗教學到任何東西。有些關於吃的宗教儀式可供借鏡，即使轉移到世俗生活之後，某些成分已經變質了。我們討論過齋戒，但或許最具啟發性的，是表達感謝的禱告儀式。生活在已發展國家的我們，多麼幸運能享用豐富多樣的食物。從過去、甚至當代歷史來看，我們最主要的飲食問題實在令人嫉妒：怎麼樣才不會吃太多。所以難道我們不該時常提醒自己我們有多幸運嗎？

如果是的話，表達感謝不只有禱告一種方式。比方可以在飯前或每日反省時間說謝謝，不一定要說出口，在心裡說也無妨。以前我提過這個建議，但很多人都說這樣沒有意義，因為這種感謝不像飯前禱告有明確的對象。相信所有美好都是某個神聖的力量所賜予的，確實比較容易表達感謝，這一點我完全同意。（雖然你可能會覺得困惑，如果美好萬物都是神賜予的，那麼不好的事不也是祂造成的嗎？）這種儀式是一種外在的規範，有明確的感謝對象，也有清楚的焦點。禱告本身也有一定的形式，不同宗教都有各自依循的準則。

然而，宗教雖然把表達感謝變成生活中自然而然的一部分，卻不是不可或缺的。覺得感恩或感激，不需要有明確的對象。只要想著：「我很幸運，我不想把這樣的幸運視為理所當然，因為不是所有人都有這樣的幸運。幸運賜給我的一切，它同樣可以收回。」這就像在提醒我們，正因為生命有限，逝者已矣，現在不珍惜就再無機會，所以我們更要惜福。

英文的 thank（感謝）是個及物動詞，在文法上表示後面要加一個受詞。這個語言學的事實讓我們誤以為感謝一定要有特定的對象。但我們一定都能理解沒有特定對象的感謝是什麼感覺，就好像沒有人或事物讓我們覺得無聊，我們還是會感到無聊。拒絕承認無神論者的感恩之意，在我看來是沒有努力去理解一件其實很簡單的事。

由於感謝更容易在有特定對象時油然而生，所以有些無神論者或不可知論者傾向找個非神聖的對象表達感謝。例如，哲學家丹尼爾・丹尼特心臟病發逃過一劫後，他感謝的是眾人的「善良仁慈」，包括讓治療及復原過程順利成功的醫護人員和科學家。[98] 伯明罕的錫克教領袖摩伊德・辛格（Mohinder Singh）長老對我說，光是一片印度烤餅，我們要感謝的名單就長得沒有盡頭：播種收割的農夫、把麥子磨成麵粉的磨坊工人、把麵粉做成麵包的麵包師傅、把麵包盛上桌給你吃的人等等。但是生產食物的人不是出於利他的理由才做這些工作，所以我不確定這種固定的、由衷的感謝是否恰當。

98 Daniel C. Dennett, 'Thank Goodness!', *Edge* (3 November 2006), www.edge.org/3rd_culture/dennett06/dennett06_index.html

無神論者或不可知論者的主要問題不是沒有感謝的對象，而是沒有現成的表達方法。有次我在某個場合談到類似的議題，某位女性聽眾走過來跟我說，她曾在家裡嘗試非宗教的感謝儀式，但家人都覺得這樣很蠢。這樣做並不蠢，但自創的迷你感謝儀式會讓人覺得做作不自然。而且你認為應該持續下去是讓儀式持續下去的唯一理由，沒有外在的力量規定你非這麼做不可。

因為以上的理由，即使我很讚賞宗教或非宗教形式的感恩禱告，實際上我自己卻很少這麼做。不過我確實養成了更多感謝的習慣。或許坐下來吃飯時我不會禱告，但我越來越常在心中默默感謝。這樣的反應習慣成自然之後，甚至好過流於形式的飯前禱告。拿我來說，我到現在還記得以前在天主教小學像在背書一樣複誦的飯前禱告文：「感謝主賜我們豐盛的食物，奉主耶穌基督之名，阿門。」我們不但言不由衷，也不了解「賜我們豐盛的食物」的真正意義。對我來說，「豐盛」指的是我不是很愛的椰子巧克力棒。用完餐我們又被迫言不由衷地說：「感謝上帝賜我們美好的一餐。」無論吃飽喝足是多麼幸運的事，煮得太爛的軟骨和噁心的馬鈴薯泥都稱不上美好。

另一個極端是喬治王朝的散文家蘭姆（Charles Lamb）的例子。他覺得在富人的餐桌上表達感謝令人不太舒服，因為他們「吃太多，世界上卻還有好多人在挨餓」。蘭姆認為，「饕餮和暴食不是適合感恩的場所。」[99] 我懂他的意思，但養成惜福的習慣，正是

99 Charles Lamb, 'Grace Before Meat', in *A Dissertation Upon Roast Pig and Other Essays* (Penguin, 2011), p.14.

打從一開始就避免成為饕餮之徒的方法。

飲食過量vs.浪費食物

有鑑於此，我建議除了禱告，我們應該有其他培養感恩的方法。而我認為這個方法非「避免浪費」莫屬。浪費是食物過剩無可避免的副作用。只要強化「避免浪費」的認知，就是一種彰顯內心感謝的實際管道。

要找到浪費食物的可靠數據出乎意料地難，但英國機械工程師協會（Institution of Mechanical Engineers）近來所做的代表性研究估計，「全球生產的糧食有百分之三十到五十還沒進到人類的肚子就浪費掉了。」各種原因都有。發展中國家的主要問題是「收成效率低，運送不當，基礎設施不良」，意思是說「農產品經常未受妥善處理，儲存在不當的環境中」。在某些東南亞國家，高達八成的稻米沒有機會上桌，多半是從狀況不佳的運輸工具上灑落或遭受病蟲害。

在已發展國家，據說「英國種植的蔬菜有多達百分之三十根本沒採收」，因為「各大超市為了滿足消費者的期望，經常拒絕收購整批可食用的蔬果，只因為這些蔬果的大小和賣相等外在條件不符合市場標準」。[100] 較少人知道的是，超市跟農民簽的合約經常要

100 'Global Food: Waste Not, Want Not', Institution of Mechanical Engineers (January 2013), www.imeche.org/Libraries/Reports/Global_Food_Report.sflb.ashx

求農民備足一定的量，卻不保證超市一定會全部收購。查理・希克斯舉了一個代表性的例子：星期五的「卸貨市場」（dump-market）出現「一落落的結球萵苣，上面的特易購標籤被撕掉（撕得不是太成功）」，因為這禮拜的氣象預報很樂觀，導致超市訂太多貨。他說：「由於風險全由農民負擔，所以超市都會習慣性超訂，之後再取消或減量。」農民別無選擇，只能將剩下的農產品賤價賣出。

最後則是總是買太多的消費者。機械工程師協會聲稱，「擺上超市貨架的產品，有百分之三十到五十被將它們買回家的消費者丟棄。」事實上，英國每年就丟掉六十八萬噸的麵包，約占消費者購買量的三分之一。[101]

我們有充分的理由為此感到憤怒。經歷過糧食配給時代的人，例如二次世界大戰，都會有這種直覺反應，也試圖把不該浪費食物的觀念傳給下一代。他們會要求子女把飯吃光，要他們「想想非洲那些餓肚子的小孩」。很多小孩聽了只會沒大沒小地回說：「那就把剩飯寄給他們啊！」儘管他們多半只敢在心裡回嘴，但這個答案沒抓到重點。浪費食物之所以不好，不是因為可以把這些食物給其他人吃。無論食物的實際下場為何，浪費食物之所以不對，是因為這麼做就是不尊重食物的價值，包括營養的價值和帶給人類快樂的價值。如果你知道食物的價值，就不可能輕易把食物丟掉，就像你不可能把銅板丟進水溝，即使這年頭一便士根本買不到東西。無論是食物或錢，重點都不是可以用它

101 'Chorleywood: The Bread That Changed Britain', BBC News Online Magazine (7 June 2011), www.bbc.co.uk/news/magazine-13670278

們來達到其他目的，而是只要對錢有起碼的尊重或嘗過貧窮的滋味，就不可能任意對待它們。一旦知道東西的價值，你就會尊重它們，不會只想到這個東西在某個特定場合的實用價值。

當然，尊重一樣東西跟這樣東西的實用價值並非毫不相關。只是兩者的關係是全面性的，不限於特定的層面。你尊重所有食物是因為食物對人類的貢獻，而非對某個人的貢獻。這麼說看似不太合理。如果食物是因為營養和好吃才有益人類，那又何必尊重某些你不愛吃、不營養，或所含營養非你所需的食物？答案要回到亞里斯多德的至理名言：人是習慣的動物。我們不會也不可能評估每次遇到的狀況的好壞，所以才需要培養某些應對的方法，確保我們在大多時候都能做出正確的選擇。浪費的習慣會使我們丟棄過多食物，相反的，節儉的習慣會使我們丟棄較少食物，即使有時會使我們什麼都捨不得丟。

好的習慣促使我們做出能帶來最佳結果的決定。不過這也指出，我們需要仔細思考哪些行為會有好的結果，哪些只是無謂的作態。浪費就是一個最好的例子。避免浪費是培養感恩心的一種方法，也敦促我們採取實際的行動，這些行動表示真的有人會因為原本要丟掉而沒有丟掉的東西獲益。問題是，避免浪費的念頭有可能變成宗教似的狂熱，或是一種盲目的意識型態，拖著我們往前走卻可能達不到我們想要的結果。

有個例子來自我的切身經驗。有次我跟另一半在電影院的餐館吃飯，她點的東西顯然比她預期的還多，要全部吃光大概很難。她看到我在打量她的盤子，便說：「你不用幫我吃。」

「對啦，可是我總覺得應該全部吃光，」我回答。至少根據我的印象，當時我是這麼說的。我想說的是，我總覺得不讓食物進垃圾桶是我的道德責任，即使我不特別喜歡那樣食物或吃完可能太飽，我都覺得自己有責任。當然了，如果東西好吃，我的肚子也還有空間，眼睜睜看著它進垃圾桶確實很不尊重食物。或許說我有義務吃掉它有點言重了，但這麼做確實比較好。

然而，在這種情況下，也有一個你不該吃它的好理由，而且這個理由跟討厭浪費有同樣的出發點：避免過量。飲食過量就跟浪費食物一樣，同樣都是不在乎世界上還有其他人在挨餓，而且缺乏對食物的尊重。同樣美好的價值觀有可能讓人不忍心看著食物進垃圾桶，也有可能讓人不願意把食物從垃圾桶裡給救回來。這不表示培養某些習慣是白費力氣，而是表示習慣本身不足以告訴我們在特定情況下應該如何反應。我們應該把自己經過訓練的直覺反應當作警示燈，提醒我們某些明顯的倫理問題，而不是當作務必遵守的道路標誌，為我們指出正確的方向。

我的另一半提醒了我，如果我們不仔細聆聽直覺想傳達給我們的訊息，它可能會變成披著羊皮的狼。以上述例子來說，討厭浪費的直覺，可能被否定口腹之欲的清教思想挾持，甚至連結到嚴格控制卡路里的偏執。以我而言，我討厭浪費好食物可能跟想合理化自己飲食過量的直覺有關。我面對的兩難是到底該讓食物進垃圾桶，還是進我的肚子。

我們要怎麼處理這類可能的拉鋸？答案就是：對自己的弱點和偏見保持自覺。拿我來說，我應該停下來想想：對，浪費好食物是很糟糕，所以能免則免，但不要養成輕易屈服於口腹之欲的習慣也很好。如果我不確定該聽從哪一個直覺，那麼我會拒絕比較是為了自我滿足的那一個。

在社會和政治層面上，建立正確的不浪費觀念同樣不容易。例如，資源回收很容易變成一種無謂的執迷，既沒提醒人要心懷感恩，也沒幫助到地球。我跟其他人一樣難辭其咎，我會記得把外帶咖啡的隔熱套帶回家，卻把不可生物分解的塑膠蓋丟掉，豈不可笑？養成不亂丟東西的習慣雖然是好事，但如果這麼做無助於培養感恩心或實際影響行為（如自己帶保溫杯），用處就不大。

同樣的，我們也有可能對無可避免的浪費反應過度，我發現自己就常犯這種毛病。我記得十月末的某一天，我看到安達魯西亞地區在農產收割之後仍有大量杏仁掛在樹上，我感到震驚不已。但我提醒自己，沒有任何採收方式百分百有效，實際情況往往是，採收九成的農產和採收剩餘的一成農產，同樣耗時費力。沒有農人會把具有經濟價值的農產丟在一邊不管，所以那些杏仁沒有採收，顯然是因為不值得費這個工，可能是品質不夠好、成熟得太晚，或數量不夠，不值得二次採收。諷刺的是，我們之所以無法接受某些浪費是糧食生產鏈自然的一部分，很可能是都市人對大自然的無知，還有高效率的機械生產已經深植我們心中。

把討厭浪費跟感恩心連結起來，可以避免我們輕易就把各種浪費都歸咎於現代化和商業價值的缺陷。別忘了現代人之所以能這樣浪費食物，也是拜現代農業和零售業把食物變得便宜又多樣之賜。這也引發了一些實際的問題，但除非我們把對食物的感謝跟種種問題互相平衡，不然我們可能會問錯問題或找不到合適的解決辦法。

由此可知，適當的感恩心其實比想像中複雜。感謝或許在宗教傳統中較容易表達，但它有它自身的缺點，比方讓人誤以為我們只要感謝造物主就夠了。更深刻的感謝應該根植於日常的習慣，在我們對浪費的態度以及坐下來用餐時的心態中展現出來。同時也需要時時質疑自己的認知，確認我們的選擇不是反射性動作，而且會導向好的結果。發自內心說謝謝很容易，但真正的感謝不只是話語和感受，也會從生活方式中自然而然流露出來。

蛋炒飯

善用剩菜剩飯是表達對食物的感謝和尊重的實際方式。飯大概是最常煮太多或點太多的前幾名食物。隔夜飯最適合做蛋炒飯，家裡有什麼配料都能為它添加風味。首先，熱油鍋，然後放入大蒜、紅蔥、罐頭紅椒、金槍魚炒香。冰箱裡或家裡有什麼適合的都可以加。打一兩顆蛋，視個人口味和飯量多寡決定，然後轉小火把蛋倒進炒飯裡，快速攪拌，免得蛋凝結成蛋皮。蛋要吃有點嫩、比較熟或介於中間的口感，全看個人喜好。無論如何，你都會因為沒把剩飯丟掉而覺得心裡舒坦不少，也能享用一頓簡單又美味的午餐。

十八、超越喜好 **Know more than what you like**

飲食的客觀標準

我們生活在一個很少人知道 *De gustibus non est disputandum* 是什麼意思的時代，不過幾乎每個人都會同意這句話。翻成白話就是，「青菜蘿蔔，各有所好，喜歡就好。」有人就是喜歡簡單原味，那又何妨？如果有一個人喜歡前衛的現代管弦樂，另一個人喜歡流行歌曲，你或許可以說前者的口味比較深奧，但絕不能說比較高尚。美學評價關乎個人喜好，沒有絕對的客觀標準。

但我不這麼認為，要了解箇中原因，比了解古典音樂家馬勒（Mahler）或機車頭重金屬樂團（Motörhead）誰好誰壞更難。一般人普遍誤解了「客觀」的意義，以至於對倫理、甚至歷史或科學是否有「客觀性」產生了懷疑。

為飲食的客觀性說話，或許會顯得自不力量到極點。有什麼比對食物的偏好更主觀的事？不喜歡草莓，或者喜歡炸魚薯條勝過義式蒜汁鱈魚，絕對沒有對錯。然而，就是這些明確的喜好指出了問題所在。「人們往往不會區別好東西和自己喜歡的東西，」哲學家提姆・克倫（Tim Crane）說。「我覺得很多音樂都很好，甚至很厲害，但我就是不喜歡。」確實如此。我不是很喜歡巴布・狄倫（Bob Dylan）、酷玩樂團（Coldplay）和傑德沃德（Jedward），但我相信狄倫是天才，也承認酷玩有兩把刷子，而傑德沃德實在很沒料。就算這些判斷是錯誤的，我「不喜歡的好東西」和「壞東西」之間必定有差別。食物也一樣。就像廚師比優・法蘭岑跟我說的，去過一流餐廳吃飯之後，「我可以走出餐廳，然後說：『不大合我胃口，但媽的真不是蓋的。』」

一旦拒絕了「喜歡等於好，不喜歡等於爛」的簡單公式，下一步就是承認擺在眼前的事實：藝術作品、音樂、飲食都有個人品味可以判斷的客觀特質。酒是個很好的例子。「酒好玩的一個地方，就是我們可以試著描述**它**是什麼樣子，而不僅是對**我們**來說它是什麼，」哲學家貝瑞・史密斯說，他也是個愛酒人士。儘管我們可能都會認同口味是純粹主觀的事，但我們談論食物時，通常不會把食物嚐起來的味道當作自己獨有的體驗。當我們吃到美食，跟朋友說「你一定要嚐嚐這個」的時候，我們指的是食物，不是我們嘴巴裡發生的事。美味的可頌麵包實際上就是奶油香味濃郁，不只對我們來說如此。

品嚐食物時，除非是故意弄得若有似無，不然我們不可能沒注意到某些味道。史密斯拿喝酒為例。「我會問，『你有喝到薄荷的味道嗎？』『有喝到洋梨的味道嗎？』諸如此類。那一瞬間的感覺過去了，但你心想：等等，有耶。」我們有時的確很容易因為受到暗示就「察覺」根本不在那裡的味道，可是容易被誤導跟缺乏辨識味道的能力仍有一段距離，不該混為一談。「如果你暗示他們酒有青椒的味道，一般人都會很堅決地否認，而且確實沒有，」史密斯說。不信你試試看。人不會因為別人的暗示就相信食物或酒裡有什麼味道。史密斯指出，當我們說「有耶」，其實是在拿某種判斷跟曾經有過但當下沒注意到的體驗相比對；確實有此體驗，只不過後來才注意到。

由此可見，口味顯然並非全然主觀，其中包含了辨識存在於食物本身的特質，而非只有我們察覺得到的特質。我們多少都可以多加留意這些真實存在的特質。一般人多半時候只會覺得酒喝起來順口，但只要多用點心，就會漸漸注意到更多層面。品酒專家只是把這種專注力發展到極致，捕捉到一般人沒注意到的特質。

平庸與優秀的味覺

不久之前，一個人如果懷疑愛酒人士能否辨別門外漢喝不出的味道，最多只會說：「我喝起來都差不多。」現在更有可能的回答是：「你有沒有聽說那個研究……？」或許有，雖然你可能把它跟另一個類似的研究搞混，忘了細節，但你還記得結論，那就是：自稱能辨別上等、中等、劣等酒的人，卻在盲測中不斷失誤。舉幾個最有名的例子。首先，波爾多大學的菲德烈．布羅契（Frédéric Brochet）教授只是在白酒中加了無味的染料，五十四名釀酒專業學生就誤把白酒當紅酒。另外，他只是把商標掉包，學生就把廉價酒形容得複雜醇厚，把高級酒形容得平淡無味。

無獨有偶，養雞人都會說自家良心飼養的新鮮雞蛋多好吃。但一旦接受盲測，拿它跟一般超市雞蛋相比，幾乎沒有人能察覺出口味上的差別。有個聰明的飲食作家也做過類似的試驗，一開始試吃員有一半偏愛後院母雞下的蛋。後來他發現這些人是受到視覺線索的影響，因為那些蛋的蛋黃較深，做出來的蛋捲顏色較漂亮。於是他用綠色染料把蛋色變得一致，結果只剩下一名試吃員維持原來的答案。[102]

諸如此類的例子不勝枚舉。然而，如果因此就認為食物和酒毫無口味和品質之別，未免可笑。無論這些實驗證明了什麼，都絕不是我們毫無辨識食物好壞的能力。品酒師確實有可能被愚弄，但他們也可能對釀酒的葡萄品種和產地瞭如指掌。他們依賴的是自己的味覺，而不是什麼特異功能。多多嘗試不同的餐廳和料理，你也會建立不一定符合表相的喜好，有些你原本不愛卻發現不差（氣氛和服務都很糟，但食物無可挑剔），有些你很想喜歡但實在沒辦法。

背後的原因並不難理解。這就是靈肉一體的本質：心靈即肉體，肉體即心靈。經驗從來就不只是腦袋裡發生的事，身體的經驗也不可能不受想法和信念影響。以飲食的例

102 見Kenji López-Alt, 'Do "Better" Eggs Really Taste Better?' (27 August 2010), www.seriouseats.com/2010/08/what-are-the-best-eggs-cage-free-organic-omega-3s-grocery-store-brand-the-food-lab.html; and Tamar Haspel, 'Backyard Eggs vs. Store-Bought: They Taste the Same', *Washington Post* (2 June 2010)。

子來看，結論非常清楚：品嚐、嗅聞或享用食物不可能不受過去的經驗、偏見、期待和信念所影響。這些都會互相作用，有時我們的期待、偏見和信念強烈到甚至會誤導我們。

因此，我們經驗的世界既不是純粹的主觀感受，也不是全然客觀的存在。以酒來說，酒的品質取決於它本身擁有的特質，無論我們察覺與否。酒之所以美味，一開始也是因為它跟人類的消化和神經系統互相作用的結果。人類的心理和生理機制，為我們體驗酒的方式建立了框架，到這裡通常沒什麼問題。唯有當這個框架扭曲了經驗本身的時候，我們才會跟真實的東西斷了連繫，於是事物的客觀品質跟我們的感知內容就再也搭不起來了。

用史密斯的同行和酒友提姆．克倫的話來說，飲酒實驗主要證明的是：「人做出的判斷有部分是期望所產生的作用。」這只代表我們會受騙上當，不表示在一般狀況下我們的判斷一無可取，更不是「我們根本無從分辨紅酒和白酒的差別」。

你或許同意這點，但還是認為不能只因為美食家或品酒師具有比一般人更精密的評判標準，就表示他們的評價一定沒問題。一旦你接受「行家資格」代表的意義，很難不承認它確實指向辨別品質的一種優越的能力。每個人幾乎都會覺得某些產品或餐廳就是比較好，而某些你只會推薦給你的仇家。再舉一個例子。我對酒的了解很粗淺，但我常發現便宜的酒順口是順口，但跟價錢高一檔的酒比起來，還是比較平淡。除了說比較貴的酒品質較佳，似乎沒有其他更貼切的說法。雖然這不表示大家都應該買品質較佳的酒，但何必要抗拒這樣的判斷？我想抗拒的唯一理由是，我們都害怕這樣太菁英主義，儘管不同口味確實並不相等。

對好味道心懷疑慮也不是毫無根據。飲食歷史學家馬西莫．蒙塔納里（Massimo Montanari）說，中世紀的人沒有味道高低差別的概念，大家都相信「取決於個人直覺判斷的所有味道，都具有同樣的正當性」。好味道和壞味道之別的出現有兩個要素。第一，就如吉力歐．蘭迪伯爵（Count Giulio Landi）對琵亞聖多（Piacento）起司的形容：「無論大眾多麼肯定這種起司的味道，只要說不出理由就不算數。」這就拉開了眾人皆有的品嚐能力，跟了解好味道為什麼好的不凡能力（為什麼有些食物就是比其他食物好）之間的差別。這是味覺第一次有了認知的成分，理性判斷和細心琢磨都在其中扮演一角。再來到第二階段，那就是主張好味覺，也就是「理智篩選過的、刻意培養的味覺認知」，不同於、甚至優於平庸且未受訓練的味覺。

有個例子可以說明這個過程。首先，每個人都感覺得到琵亞聖多起司很棒；第二，每個人都感覺到它的好，但只有一些人知道原因；第三，只有味覺受過訓練的人，才懂得欣賞它的卓越之處，其他人可能只要吃等級較低的起司就會滿足了。

蒙塔納里等人認為，味覺之所以有這樣的發展，一個原因是菁英階層想跟大眾劃清界限。味覺於是變成「一種區別社會階層的機制」，原因就是「菁英階層隨時都想重申自己與眾不同，並把這種不同歸因於他們在農民階層身上沒看見的『理性意識層面』」。[103]

不用懷疑，確實有人這樣利用味覺和飲食的概念，而且不在少數，所以史蒂芬・波勒才會在《人不如其食》一書中痛批現今的飲食潮流。「飲食已經成了一種炫耀的方式，一種潮流，」他在倫敦一家很潮的酒館式餐廳（裡頭還賣「英式開胃小菜」）這麼對我說。讓波勒不爽的是其中的「自以為是」，一種「我很懂食物，比你還懂，看看你，吃的那麼糟糕，你真該多多了解食物」的心態。

波勒懷疑得沒錯。飲食世界充滿了假象、造作和胡說八道，提姆・克倫和貝瑞・史密斯都同意。但克倫堅持，「懷疑必須建議在知識上。說什麼是胡說八道卻講不出理由，我對這種人無法給予尊重，那就好像說哲學是胡說八道一樣。是有很多哲學家在胡說八道，但你得知道什麼是胡說八道，什麼不是。」

此外，飲食世界也充滿了虛榮。「看重不該看重的事物就叫虛榮，」克倫說。「那肯定是某種偏差。我認為對酒的虛榮確實存在，也就是根據名氣或價格判斷酒的好壞。」

對某些食物、酒和餐廳的讚美，有些甚至不過是根據流行、身分或出於虛榮而做出的判斷，但這不表示全部都是如此。即使敏銳味覺的概念興起只是出於社會階級的需求，而非美學判斷，也不表示這個概念毫不可取。真理之沙中常冒出爛點子，糞土之堆

103 Massimo Montanari, *Cheese, Pears and History in a Proverb* (Columbia University Press, 2010), pp. 63-6.

也常長出好東西。

主觀不等於不客觀

如果你同意，喜歡某樣東西跟評定那樣東西好是兩回事，美的東西也有客觀存在的特質，有些人就是比一般人更善於辨識這種特質，而這些特質的存在使某些東西之所以優於其他東西變得有所本，那麼你就不得不承認，味覺不全然是主觀的。儘管如此，這還是離一般認為的全然客觀——彷彿從上帝般的全知觀點所產生的終極、權威、獨一無二的觀察——有一段很長的距離。要達到全然的客觀似乎不太可能，尤其在飲食領域。舉例來說，《葡萄酒觀察家》（*Wine Spectator*）上說二〇一二年的最佳葡萄酒是雪佛酒莊（Shafer Vineyard）的 Relentless 2008，這真的是一個客觀的事實嗎？難道這就表示這支酒優於第二名的聖庫司美酒莊（Château de Saint Cosme）的 Gigondas 2010？當然不是。甚至連設計出這些評比的人都不這麼認為。如果以為客觀需要如此絕對的判斷，那就是誤解了客觀的本質。

我們對「客觀」最大的誤解，就是以為它跟「主觀」是二選一的關係：要不就是客觀的事實（無論事實真假），要不就是主觀的看法，中間毫無灰色地帶。哲學家湯瑪斯·

內格爾（Thomas Nagel）提出了有力的論點：「偏主觀或偏客觀的意見之間的差別，其實就是程度的不同，而且涵蓋範圍很大。某個意見或想法若較少依賴個人的加油添醋、身分地位，或受限於什麼目的，就是較偏向客觀。」[104]

這個看法當然也可以應用在飲食上面。評選《葡萄酒觀察家》二〇一二最佳葡萄酒的專家，要比一般愛酒人士更有資格辨識、評比葡萄酒的品質。除了有豐富的品酒經驗和訓練，他們也具備了判斷一支酒成功或失敗的知識，所以他們比一般最多只能分辨自己喜不喜歡一支酒的人更加客觀。單單只有飲食的經驗，不足以提出最客觀的意見。了解食物的生產方法、農業和食品業的科學、味覺的生理機制、食物在全球經濟社會中的角色等等，都會讓我們超越主觀的感受，朝向客觀的判斷。

這不表示這世界有內格爾稱之為「絕對客觀的觀點」（the view from nowhere）的存在，讓全世界的葡萄酒能依此精確的觀點排出優劣順序。客觀性遇到飲食必定會有限制，主要是因為我們比較的不會剛好就是類似的東西。例如，一邊是波爾多紅酒，一邊是里奧哈紅酒，要怎麼說哪一個比較好？而除了人為的評比和排名，飲食的客觀所要達到的目的不是排名，只是要讓我們更懂得欣賞放進嘴裡的食物的品質。

釐清客觀的本質有助於避免非此即彼的相對主義。當代文化受此毒害已非一朝一夕的事。這在倫理的領域中尤其重要。一旦我們認為道德判斷要不就是對錯有別的清楚事

104 Thomas Nagel, *The View From Nowhere* (Oxford University Press, 1986), p. 5.

實，要不就「只是」個人偏好，我們最後不是會落入神學式的絕對主義，就是什麼都無法判別。更成熟的看法是，接受道德判斷多少都可以有客觀的成分。好的倫理判斷需要參考各種事實，例如農場動物是否受虐、自由貿易的後果為何、不同的農耕方式對環境有什麼不同影響等等。這些資訊不會像科學實驗的發現一樣生產出絕對的道德事實（即使是科學也沒那麼直接了當），卻能夠勾勒出在道德上站得住腳的事實。

以飲食來說，把絕對客觀的意見視為一種理想尤其搞錯了方向。就好像人類是靈肉一體的動物，需要整合身體和心靈，而客觀和主觀論點也需要加以整合，這樣我們具備的知識才能改變我們體驗這世界的方式。期待和信念會讓我們看不見真正的差異，同時也會讓我們體驗到感官無法辨別的差異。

舉例來說，想想健康概念如何影響我們的味覺。我以為我喜歡全麥口袋麵包勝過白麵包，但這可能只是因為我把白麵粉跟不健康和乏味聯想在一起。同理，現代人都對油避而遠之，甚至看到肥油就覺得噁心，但同樣的食物不久之前甚至還很受大眾喜愛。普及當然是一個解釋，但肥油讓人聯想到動脈硬化，這種內化的反感也是一個原因。就連我們習慣使用的油都有差別。以前我有個朋友嗜吃起司、薯條和其他含大量固態脂肪的食物，他反而覺得覆蓋一層液態橄欖油的義大利麵很油。

然而，即便健康概念改變我們對食物的評價，並不表示我們應該克服這些「錯覺」，做出更「客觀」的判斷。如果我們對世界的經驗完全是靈肉一體的，那麼只要不過分誇張，受個人的期待和信念影響很自然，何錯之有？如果相信某些食物對人體有益能讓我們更加享受這些食物，而且它們也確實比較健康，那就是一件好事。同樣的，因為對食物的疑慮而產生抗拒，或許也不是壞事。我們的目標不該是清楚劃分理性認知和生理反應、主觀和客觀，而是整合兩者，讓嘴巴和心靈一同享受美食。

這可以跟慢食運動的一項主張結合。慢食運動主張吃東西應該是種享受，但不侷限於食物、鼻子和舌頭之間發生的事。他們認為享受食物包括了解食物的來源。這就是在提倡一種更高層次的美食學，其中的樂趣不只來自感官，也來自心靈。從這一點來看，這個主張精確捕捉到人類靈肉一體的本質，也證明那些聲稱拆穿辨味員假象的實驗，其實是為我們指出了「辨味」真正的意義。當我們相信食物是以公平的價格購得、用愛心準備、以永續方式種植時，這樣的食物確實應該更加美味。這就是在培養一種更能夠享受我們應該讚賞的好食物、拒絕我們不該讚賞的劣質食物的味覺。

回到那些後院母雞下的蛋。深黃色炒蛋傳達出這些母雞如何生活的訊息，是該讓你更有好感。知道自己吃的蛋不是來自飼料雞，也會提高賞味的樂趣。站在認知的角度來看，後院母雞下的蛋確實更美味。試喝咖啡的例子也一樣，盲測反而是剝奪了有關食物來源的重要資訊，抽離了真實的場景，判斷標準只剩下味覺和嗅覺，可靠程度勢必降低，但享受食物的正確方式應該要兼具感官和心靈。人類不只是享樂的機器，只要東西符合感官、美學等標準就心滿意足。

一旦明白期待和信念對食物偏好的影響，我們就更有理由進一步去確認這些期待和信念是否合理。如果因為相信母雞生活在良好的環境中，所以才覺得蛋更加美味，那我們最好確定自己相信的事沒錯。判斷若是缺乏事實依據，任由美德的假象蒙蔽我們的味蕾，誤把邪惡當作美善，受騙上當就成了必然的結果。偏偏這種事很常發生。大眾往往一味地相信流行的健康、環保和永續概念。

所以當你聽到「好食物」不只是個人口味的問題，不需要太過擔心，只要自稱專家的人不會把這當作強力推銷的理由，要其他人都照著吃。增進對食物的了解，確實會改變我們對食物的偏好，但那仍是個人的偏好，即使那會讓我們選擇客觀標準下不算好的食物也無妨，只要不會有害健康或觸犯道德就好。了解自己喜歡什麼容易，了解什麼是好東西比較難，可是一旦明白了就能讓你更懂得欣賞自己喜歡的東西，甚至讓你喜歡的東西更好。

葡萄酒

不需要是多麼厲害的品酒專家，也能欣賞葡萄酒的某些客觀品質。只要在飲酒三步驟上留心，就能獲益良多。首先，在飲酒前先用鼻子嗅聞酒精散發的香氣。接著，感受酒入口的「前味」（attack），這往往是果味撲上「中段酒味」（middle palate）的時刻，舌頭各個部位都會對酸和苦有所反應，酒的口感也會變得鮮明。最後是「收尾酒味」（finish），不同風味會在入喉時互相結合，並在口中留下餘韻。

貝瑞·史密斯說他「完全相信人一旦喝過複雜又協調、美妙又醉人的葡萄酒，體驗過豁然開朗的感受之後，對酒的態度一定會從此改變。那一刻他們會想，這不只是一種個人的、只有我才有的經驗，我正在認知的是一種超越平凡的美」。

這種層次的欣賞當然不限於品酒。越來越多人發現，包括啤酒、茶和咖啡在內的精緻飲品，都有值得注意的深度。那是無法在廉價、一般的產品上發現的品質，而你一旦投入後，就會有要求越來越高、花費越來越多的危險。「迷上葡萄酒會害人破產，」提姆·克倫有次警告過我，但又啜了口酒，欣然接受自己的命運。如果你有門道、有興趣、也有能力投入其中，好酒值得你花錢投資。「高品質又細膩的手釀葡萄酒的重點在於，」史密斯說，「它給我機會鍛鍊自己的感官享樂能力，還有辨別好壞的判斷能力。」這才像一個真正靈肉一體的人會說的話。

這不表示越貴的酒越好。史密斯建議我，「如果你辨別不出二十五英鎊跟兩百英鎊的酒有何差別，你就不該買兩百英鎊的酒，只要買你能辨別的等級內最好的酒就夠了。」無論你花了多少錢，重點是不要毫不留意就讓好酒從杯子滑進了肚子。

十九、表演開始 Let the performance begin

米其林餐桌上的美學體驗

如果有人告訴你，觀賞芭托莉（Cecilia Bartoli）在大都會歌劇院演唱《灰姑娘》或黛安娜·瑞格（Diana Rigg）在韋漢劇院演出米蒂亞、聆聽布倫德爾（Alfred Brendel）在漢諾威的音樂廳彈奏舒伯特的降B大調第二十一號鋼琴奏鳴曲、花一下午在馬德里的普拉多博物館散步，都是他這輩子最美妙的經驗。或許你跟他沒有相同的愛好，但除非你懷疑他在吹牛，不然你應該會尊重他的品味。然而，如果他說這些都比不上在巴黎的米其林三星餐廳L'Arpege用餐，你對他的評價可能就會扣分。連餐廳評鑑家傑·雷諾（Jay Rayner）都告訴我：「你不能把站在羅斯科的藝術作品面前跟在米其林餐廳用餐的經驗相比，誰要認為可以，我都不禁懷疑。」食物可以很棒，甚至棒到不可思議的程度，但永遠不可能跟藝術品平起平坐。

但為什麼不行呢？最明顯的理由甚至禁不起隨意的檢驗。有人說食物吃了就沒了，真正的藝術卻會永垂不朽。但所有表演都是當下的體驗，一旦結束就不能完整複製。錄音或錄影無法重現當下的體驗。同理，送上桌的餐點你只能品嚐一次；廚師可以重複料理同樣的餐點，但每次的「表演」都有些許的不同。

說食物沒有「認知內容」，沒有道德或抽象的真理可讓人反芻，也同樣站不住腳。很多藝術表演不也沒有？有些人總是喜歡從舞蹈、抽象畫或音樂中抽取某些「意義」，但那通常是表演最沒價值的一部分，或者根本不屬於表演。我常讀藝術作品旁邊的說明或舞蹈的節目單，往往會發現驚人的視覺呈現被簡化成平庸的哲學陳述。這世界充滿了「質疑幻想和真實之間的界線的作品」，但它們很少比大學生寫的文章更好。然而，以藝術作品或表演來呈現，卻精彩萬分。

最後一個理由是，一頓大餐無法像一流藝術品那樣感動人。除非廚師用了太多辣椒，不然你很難在餐桌上流下眼淚。這或許確實是個根本的差異。但與其說這證明了食物不可能成為藝術，不如說，由此可見食物是種與眾不同的藝術。

在所有哲學問題中，「什麼是藝術？」是最有趣但也最煩人的問題之一。對我來說，這個問題顯然一直沒有定論。藝術作品太多樣，沒有彼此共有的單一特點，將它們與非藝術品區別開來。畢卡索的天才之處在於其立體派作品呈現的純粹形式；珍奧斯汀的天才之處在於她對角色心理的洞悉。《泛藍調調》（*Kind of Blue*）之所以偉大，很大部分要歸功於邁爾士．戴維斯（Miles Davis）的演奏功力，而貝多芬的第十四號弦樂四重奏的偉大則在編曲中展露無遺。根據不同狀況，你對藝術的特點會有不同的描述，但不同特點有多重要則要看作品本身而定，無法一體適用。所以如果你相信在某種意義下，食物也可以被視為藝術，就沒有必要硬要它符合其他藝術的模型，而是要解釋為什麼它本身是種藝術、為什麼它應該跟其他藝術一樣受到重視。

飲食即藝術

我最強烈的一次「飲食即藝術」的感受，是某一晚在瑞典的法蘭岑林德堡餐廳發生的。這家餐廳短短兩年就拿到米其林兩顆星，躍上最權威的全球最佳餐廳排名的第二十名。[105]我之所以前往只因為我總覺得沒體驗過這種登峰造極的用餐經驗，我就沒資格寫有關飲食的文章，而且我從沒去過米其林餐廳。我選擇這家餐廳也是因為我知道自己會路過斯德哥爾摩，而餐廳主廚比優・法蘭岑也答應接受我的採訪。不幸的是，用法蘭岑的話來說，這家餐廳是「北歐地區最貴的餐廳」，一人平均消費三百五十歐元。如果要點上好的酒，花費根本是無底洞，在英國任何一家餐廳用餐都不可能比這還貴，除非你吃的是兩人份。我深吸一口氣，告訴自己這是做研究，我會盡量用寫作彌補這筆開銷。

這次體驗跟上一般餐廳吃飯的經驗完全不同。一家好餐廳通常會讓客人在舒適的環

105 *Restaurant magazine* (May 2012). 隔年上升到第十二名（因林德堡退出而改名為法蘭岑餐廳）。

境中享用高水準的料理，增添用餐的樂趣。但在這裡，當用餐者沉浸在表演中時，餐廳的社交功能退居其次。從頭到尾共有十九道料理，說它是「表演」很貼切。連菜單（線綁的羊皮紙，上面是手寫字體）都像節目單，把餐點分成序言、兩個章節和尾聲。法蘭岑告訴我，上一流餐廳「就像上劇院。這年頭要看的不只是盤子上的東西，還有很多其他東西：故事、食材、產地、呈現方式、餐廳的外觀和質感」。

從你坐下的那一刻起，表演就開始了。你面前的桌上會有一小條棍子形的麵團，置於蓋上玻璃的木箱裡發酵。之後會有人將它取走，放在開放的爐火上烘烤。七道料理過後，等它再度回到桌上時，侍者尚・洛可（Jon Lacotte）會拿著缽和杵出現，當場在客人面前攪拌奶油。就像一齣精彩的戲劇，這不是為了表演而表演；行動推著劇情往前走，同時也為劇情增色。這不是摔盤子或胖廚師把義大利麵拋到空中的廉價戲劇效果。而當你咬下塗了奶油、散發熱氣、妙不可言的棍子麵包那一刻，就是最好的證明。

接著還有「炭火炙燒」的韃靼小牛肉。洛可把一整塊生肉和噴火槍送上桌，火焰先碰到木炭才彈到肉上。這同樣也不是戲劇花招，而是表示當肉切好送回來，跟著十一歲大的乳牛油脂、煙燻鰻魚和黑色魚卵盛上桌時，你會更了解自己吃下的是什麼。這也是每次上菜侍者就會簡單介紹每道料理的原因，但又不像某些做作的餐廳那樣讓客人聽講的時間比享用的時間還長。

如同所有的表演，重要的不只是表現了什麼，還有表現的順序和步調。「賞味菜單很大一部分講究的是節奏，還有上菜的速度，」法蘭岑說。「每道料理的排列順序也是一大重點。有時菜單上有我覺得超讚的料理，但後來我出去問客人對服務是否滿意時，沒人提到那道菜，我覺得很納悶。或許是因為放的順序不對，所以我就把它跟別道菜調換順序，後來客人就開始會談論那道菜了。」

法蘭岑把節奏和步調拿捏得恰到好處。後來我去了英國一間價位相對來說較平實的米其林一星餐廳，裡頭有些菜色雖然不輸法蘭岑，中間卻有很多冷場，杯子空了也沒人來倒酒。少了毫無冷場的流暢步調，這只是美味的一餐，但光是這樣不足以讓人願意付出天價。

法蘭岑把餐廳跟劇院相提並論，但事先他就承認這聽起來或許有點做作。確實沒錯。你或許也覺得我寫的東西有點矯情。其他廚師和飲食作家似乎也不願公然拿飲食跟藝術相比，儘管他們並不排斥這樣的類比。廚師費古・韓德森（Fergus Henderson）就告訴我，「對食物的讚賞可能跟對藝術的讚賞一樣強烈，甚至帶來的衝擊更大，」但是「稱之為藝術不一定有幫助」，只是在說「它跟藝術擦肩而過」。韓德森之所以語帶保留是因為「飲食是很實際的東西」，但我認為這正是烹飪藝術之所以跟其他藝術不同，甚至高於其他藝術的第一條線索。法蘭岑也說：「到了一天的尾聲，我們不要忘記這是一家餐廳，你走進餐廳通常是因為肚子餓，這些只是餵飽人們的食物。」某方面來說他錯得離譜。你決定去法蘭岑的餐廳用餐當然不是因為肚子餓。相反的，你會故意讓自己餓一點，因為你幾個禮拜、甚至幾個月前就訂了位，當然希望值回票價。但「那只是食物」的觀念仍然存在。當你發揮創意的工具是那麼的根本，你永遠無法忘記自己終究是動物。如韓德森所說，這讓你無法偏離實際，正因為如此，當我們把飲食訴諸理智時，才會很容易顯得做作。

把想像不到的東西化為真實

飲食跟其他藝術形式很不一樣。一般藝術能讓人產生一種超脫感，彷彿從凡塵俗世一窺神聖的境界。這就是有些人認為藝術不可或缺的原因。我的論點剛好相反。藝術的問題就在於，它可以讓人忘記自己是生命有限的血肉之軀。而烹飪藝術的優勢就是，即使它以別種動物都無法完成的作品令我們心醉神迷，它仍然提醒我們，人類是靈肉一體、有真實血肉的動物。精緻料理是內在性的美學，不是超越性的美學。吃一口法蘭岑的魚子醬配骨髓和煙燻洋香菜讓你宛如置身天堂，同時也讓你無法忘記這是生命終有時的人間。

透過這些經驗，你直接認知到活著的潛在力量，了解梭羅所說的「吸取生命精華」這句醒世之言的意義。[106] 這也是我們熟悉的美學經驗的一面。我發現藝術所能激起的最強烈情感就是活著的感覺，尤其是音樂。藝術帶給人的衝擊離不開時間本身，時間終會流逝，這樣的經驗總有一天會消失。就算飲食帶給人的這種感覺較不強烈，但至少更加真實。在心情愉悅時吃到珍饈佳餚，你也會有類似的感受：多麼美好的體驗啊，但這都屬於有限的生命。正是因為這種經驗來自飲食，日常生活的一部分，所以其中的寓意才顯得深刻強烈。

我認為降低美學經驗中的動物成分是康德理論的吸引力之一。康德認為，人從藝術中得到的滿足是一種特殊的、不帶利害關係的滿足，意思就是跟工具性的目的無關。舉例來說，色情不是藝術，因為其目的是挑起性慾。反之，米開朗基羅的大衛雕像激起的則是人的敬畏之心。我們會說足球員射進了「漂亮的一球」，但其目的在於贏球，而非「漂亮」本身。從這點來看，飲食也非純粹的美學體驗，因為它本質上就跟滿足食欲不可分割。同樣的，亞里斯多德也認為觸覺和味覺「粗野低下」，因為兩者皆為「野蠻人也有的樂趣」。[107]

康德和亞里斯多德當然都言之成理。當樂趣完全在於滿足某種立即的生理需求時，確實容易顯得淺薄、空洞。但有無利害關係之間的界線並不清楚，也不像康德的理論這

106 Henry David Thoreau, *Walden* (1854), Chapter 2.
107 Aristotle, *Nichomachean Ethics*, 1118a.

麼明顯可見。藝術很少完全沒有利害關係。藝術家往往也想維持生計和獲得肯定，而歌劇觀眾、文學愛好者也會被光鮮耀眼的文化潮流吸引。倫敦的國家美術館和大英圖書館不僅是有名的單身男女約會地點，也是追求心靈滿足的去處。另一方面，以為運動和飲食不具無關利害的成分，似乎也是偏見。運動比賽中有些令人屏息的時刻讓觀眾讚嘆不已，無論球隊或球員是不是他們支持的一方。當我把比優・法蘭岑料理的牡蠣、冷凍大黃、鮮奶油和杜松放進嘴裡時，當下的愉悅可不是因為滿足了食欲而已。

我想康德的看法是，最深刻的美學體驗不全然是工具性的，但這不表示工具性會破壞美學體驗，或是美學享受越無關利害越好。相反的，我認為傳統認知中越低下的成分越是清楚，反而會讓經驗越深刻。用餐時，我們同時享受到無關利害的純粹樂趣，也滿足了填飽肚子的工具性需求。因為如此，我們才明白了人類是靈肉一體的複雜動物、也以如此方式生活的完整意義。

某方面來看，世界四大名廚費倫・亞德里亞、赫斯頓・布魯門索、湯瑪斯・凱勒及哈洛德・馬基說的沒錯，「料理和呈現食物可以說是最複雜、最包羅萬象的表演藝術」，因為其獨一無二之處在於，「吃東西要動用到所有的感官，還有心靈。」[108]聽覺、觸覺、視覺都影響我們享受食物的程度。例如，牛津大學的贊皮尼（Massimiliano Zampini）和史賓斯（Charles Spence）做過一個後來聲名大噪的實驗，他們發現只要播放咔滋咔滋

108 Ferran Adrià, Heston Blumenthal, Thomas Keller and Harold McGee, 'Statement on the "New Cookery" (2006), www.thefatduck.co.uk/Heston-Blumenthal/Cooking-Statement

的聲音，受試者就會覺得洋芋片比較脆。[109]所以我們可以說，傳統藝術給人感覺比較高尚，有部分是因為其缺陷：不需動用味覺和嗅覺，所以排除了人類經驗中最生理的成分，讓我們忘了生理扮演的重要角色。

藝術把人類捧上了天，讓人以為自己擁有動物性無法解釋的深度。或許我們會因此獲得優越感，卻是假的優越感。每次聽到有人說藝術讓我們成為更好的人，我總是想不通。不需要舉納粹分子也會為歌劇感動落淚的例子，就能看出問題何在。人們走出戲院，跨過窮困潦倒、露宿街頭的遊民，或背著妻子跟情婦去逛美術館。至於作家和藝術家，這些圈子裡的自大狂和壞胚子不會比一般大眾少。藝術不會把我們變得更高貴，卻可以讓我們發現卑微的生命也可以變得豐富且有價值。

一盤簡單的番茄搭配橄欖油、洋香菜和麵包，就可能讓你有這種感覺。精緻的餐點讓我們獲得從藝術中體驗到的熟悉感：呈現在我們眼前的秩序感與和諧感遠非我們所能掌握，更不用說是創造了。畢卡索的立體派畫作就有這種效果，看似片段而破碎的複雜圖案，彷彿有種難以形容的連貫性。所以我認為「同樣的東西我也會做」這種心態大有問題。如果你從不覺得一樣東西令人讚嘆或超出你的理解或能力，那麼你就是不懂藝術能凌駕平凡。我說「凌駕」（surpass），而不是「超越」（transcend），因為如我所說，「超越」這個詞有誤導之嫌。藝術的驚人之處在於它是人類創造力的產物，但藝術家並沒有

109 Massimiliano Zampini and Charles Spence, 'The Role of Auditory Cues in Modulating the Perceived Crispness and Staleness of Potato Chips', *Journal of Sensory Studies* (October 2004), vol. 19, issue 5, pp. 347-63.

脫離人類的狀態，只是拓展了人類的可能性，證明人可以「凌駕自己」。

一流的料理也是如此。你不會想，這我自己在家也做得出來，而是：只有天才能把味道和食材結合得這麼精彩。在法蘭岑林德堡餐廳，讓我有這種感覺的料理是 satio tempestas（播種的季節）。從菜單上很難相信它有什麼特別，不過就是四十種食材組合而成的一小盤沙拉，當天從餐廳自己的兩座菜園中現摘，切細之後混合，因此每一口都結合了多種新鮮得不得了的蔬菜原味。這是餐廳的招牌菜，也是菜單上最美味的料理之一。把想像不到的東西化為真實往往就是創意的價值所在，烹飪也不例外。

少了好食物的人生，就像少了好藝術的人生

的確，人類創造力的價值往往跟其應用的領域無關。以為人類可以創造出永恆不朽的藝術作品不免過於自大。一切終會歸於塵土，食物不過速度更快而已，這也是它真實無欺的一面。很多創新人士的目標是追求卓越，至於選擇何種工具則屬次要。拿法蘭岑來說，當廚師之前他是瑞典頂尖足球會AIK的足球員，因為受傷才在二十歲結束足球生涯。他在兩種截然不同的領域都曾登上高峰，我問他驅策他的力量是不是對卓越的追求，跟他在哪個領域無關。他點點頭。「現在剛好是烹飪，但有可能是任何領域。」

壽司之神小野二郎也說：「你必須用一生的時間精進技術，」無論那是什麼技術，剛好跟法蘭岑的看法遙相呼應。

但這一頓值得我花三百五十歐元嗎？我有充分的理由花那麼多錢吃一頓飯嗎？這裡的問題跟上面的問題有些不同。某方面來說，花這個錢當然值得，因為法蘭岑說餐廳的成本就要三百四十九歐元。「每分錢都回到顧客身上。每分錢都是。我們的利潤幾乎是零。」一流的廚師把追求卓越擺第一，接著才煩惱回本的問題。另一位合夥人兼麵點廚師丹尼爾・林德堡（Daniel Lindeberg）跟我說，光是食材成本就占了帳單的百分之四十。那年夏天我去用餐過後，他們為了更上一層樓，決定收掉一個用餐的小空間，多加一個廚房，把廚師人數加到十一個，用餐座位減少到十七個。就像需要管弦樂團、合唱團和世界最佳男女聲共同合作的歌劇表演，票價之所以昂貴就是因為製作一齣歌劇就是得花那麼多錢。

當然，這並不是價值昂貴唯一、甚至主要的意義。我想這頓飯有其價值是因為它是一生的回憶，從中我們得以窺見烹飪技術能達到的驚人高度。但這不表示我就可以很有把握地說，自己有充分的理由這樣大快朵頤一番。坦白說我不覺得我去過的少數幾家高檔餐廳值得那些錢，也很確定有些高級餐廳一定不合我的胃口。上高級餐廳是一場昂貴的賭注，這次賭贏了不表示就值得冒這個險。

雖然我認為到法蘭岑林德堡餐廳用餐，是種可以跟高層次藝術相提並論的美學體驗，讓我發現飲食的無限潛力，但我不認為再度造訪或去別家高級餐廳，會有同樣的效果。偉大的藝術家都會以其獨特的方式豐富你的想像和美學視野，所以每樣新作品都能拓展你的眼界。食物也可以像藝術品一樣豐富多樣嗎？這是一個嚴肅的問題。我猜答案是不行，但不是百分之百確定。烹飪技術不斷在演進，不同廚師各有自己的風格，一生不只享受一次人間美味並不過分。但我不認為費倫・亞德里亞和荵內・瑞則畢（René Redzepi）的料理，可跟林布蘭和梵谷的作品帶給人的不同美學體驗相比。所以即使上一家高級餐廳的美學價值或許高於參觀一家美術館，但是十家美術館卻遠比十家高級餐廳更能豐富你的生命。

少了高級餐點的世界，之所以無法跟少了精湛藝術的世界相提並論，還有另一個原因。如果烹飪藝術的價值確實跟人的根本內在有關，那麼其中的價值大多都可以經由美好的日常飲食中獲得。但藝術跟精湛的技術又是截然不同的領域。林布蘭自畫像給人凌駕自我的感覺，還有生命潛力驚人的強烈感受，絕非一般自畫像所能達到的效果。至於食物，不需要是蓋世天才，就能藉由食物展現生命帶給人的驚喜。買到品質一流的起司、義大利香腸、甚至麵包，都能讓我們驚嘆人類的創造力。這就是為什麼高級餐點不像藝術一樣對這世界不可或缺。

不過我確實認為少了好食物的人生，至少跟少了好藝術的人生一樣貧乏，而烹飪藝術確實應該跟其他藝術享有同樣的地位。但它的價值主要體現在日常生活中，而不是專家達人的卓越成就上。烹飪是種日常的藝術，這樣豈不更好？

你或許覺得把食物當作內在性的藝術，就好像時髦餐廳天價供應的動物內臟，換句話說，就是一堆假掰的廢話。但即使飲食不過就是一種經驗，有些「經驗」確實令人讚嘆，值回票價！生命不只是由這些極致經驗組成，卻因為這些經驗而更加豐富。傑．雷諾說的沒錯，「如果可以花大把鈔票觀賞自己喜歡的球隊打足總盃決賽，或到皇家歌劇院聽荷蘭女高音韋斯特布勒克（Eva-Maria Westbroek）唱《尼伯龍根的指環》（我們都知道所費不貲），那麼花同樣的錢買一個美好的經驗沒有什麼不對。以上都跟你想怎麼把錢花在美好的記憶和經驗上有關，還有你願意為此花多少錢。」

如果你選擇把一些錢花在享受美食上，至少你可以安慰自己說，很多知識分子也在美食上獲得極大的樂趣。卡繆的最後一餐就是在圖瓦塞（Thoissey）的 Au Chapon Fin（當時法國數一數二的餐廳）吃的，不幸的是他在回程途中車禍身亡。哲學家艾耶爾（A. J. Ayer）喜歡到常春藤餐廳用餐。休姆聲稱自己「極具烹飪天分」，並誇口說提到牛肉、甘藍菜、羊肉和陳年紅酒，「沒人比得過我」，誰只要嚐過他的羊頭清湯，就會八天都無法不談它。[110] 無論是不是藝術，食物絕對都是值得我們尊敬的樂趣來源。

110 休姆的信件，摘自 Professor Huxley, *David Hume: A Study of His Life and Philosophy* (Wildside Press, 2008), p. 37。

儘管如此，我還是覺得太常享受高級料理是不對的。在法蘭岑林德堡用餐的尾聲，到了上甜點和咖啡的時刻，我想通了原因。通常我不是很喜歡馬卡龍，但這些……我想到的形容詞是「精彩」，而這肯定至少是我第十次用這個形容詞了。不斷用「出色」或「精彩」來形容料理，難道不會效果打折嗎？怎麼可能每樣東西都精彩？或許這就是不該太常上高級餐廳的原因。連洛卡泰利都反對顧客在秋季十週期間天天上他的高價餐廳吃松露。「我一直認為，」他說，「松露不應該常常吃，一年吃兩三次就夠了，因為每次品嚐松露都應該是一件特別的事。」[111] 出色的東西無論多好，都不該變成平凡無奇。上一流的餐廳好好享受，拓展你的美學敏感度，但只要久久去一次並用心品嚐就可以了。

墨汁墨魚

幾乎每篇廚師訪談報導都會告訴你，餐廳料理跟家常料理很不一樣。儘管如此，還是有些料理既能保有餐廳的魅力和異國風味，也能在家裡輕鬆完成。墨汁墨魚就是這樣的一道料理，那是我大學畢業後到畢爾包教英文的時候發現的。

111 Giorgio Locatelli, *Made in Italy* (Fourth Estate, 2008), p.220.

有時回西班牙我會買墨魚罐頭，即使後來在英國越來越常看到也不例外，因為英國進口的多半是次級品。有天我偶然發現一個似乎挺簡單的食譜，於是便自己試做。結果成品意外地好吃。而且因為我打從心裡覺得自己做的味道不可能比得上記憶中的味道，於是就拿之前的美好記憶驅策自己做出全新的味道，而不是複製餐廳的原味，最後的成果因而顯得更加美味。

作法很簡單。先把紅蔥跟大蒜丟進深鍋，用橄欖油炒軟，接著加入切塊的小墨魚或其他軟體動物，例如烏賊。然後淋點白酒進去，加以揮發，這樣才不會太水。加些切碎的罐頭番茄，用叉子撈起番茄放進鍋裡，才不會把番茄連汁倒進去，但也不需把汁液瀝乾。轉小火待水分變少之後，就可以加點鹽和墨汁（通常會包成小袋另外賣，加一兩份即可），然後蓋上鍋蓋燉煮約四十五分鐘，墨魚煮到又軟又嫩即可。醬汁應該呈濃稠狀，不會輕易流出盤子，如果不是，就轉大火把醬汁再收乾一點，或者把一些醬汁舀到另一個鍋子，一樣用大火把醬汁收乾再倒回原鍋。和脆皮麵包一起吃最搭。同樣的食譜只要量少一點、墨魚切小塊一點，就是很棒的義大利麵醬。

這道料理光是顏色就很特別，常讓人眼睛一亮，大為讚嘆。或許這跟彼得・格林納威（Peter Greenaway）的《廚師、大盜、他的太太和她的情人》（*The Cook, The Thief, His Wife and Her Lover*）一片中的廚師所說的道理有關，那就是餐廳「只要碰到黑色食物就能獅子大開口」。他的理由是：「吃黑色食物就像把死亡吃下肚，就像在說：『死神，我吃掉你了。』」我無法認同。這是穿鑿附會的經典例子，就像為某個美好的藝術體驗加上多餘而做作的館長解說，就是多餘又做作。

二十、午餐吃了沒 Do lunch

用三餐調整一天的節奏

想像你去醫院，醫生跟你說：「你是早發性帕金森式症的典型病例。」什麼才是面對這種打擊的最好辦法？大哭？祈禱？尋求心理輔導？如果你是廚師費古．韓德森，答案就簡單多了：「我去吃了一頓很棒的午餐，然後就好多了。」同樣的，問他如果明天就會失去一切，他會怎麼辦？他的回答是，雖然會「有點不爽」，但他會「去吃頓午餐，讓心情平復下來，然後再重新思考怎麼面對」。[112]

若你以為韓德森指的是讓人免於絕望的「療癒飲食」，那你就錯看他，也錯看午餐了。不是說療癒飲食有什麼錯。我們畢竟是靈肉一體的動物，安慰身體的同時也撫慰了心靈，何錯之有？雖然心情低落時我們有時會想吃點高油、高糖、高熱量的食物，但通常我們也從食物上尋找情感的共鳴，例如對童年、開心時光、懷念地方的回憶。無論食物本身是否具備這些特質，好的食物有一種強大的力量：繞過我們的存在焦慮，提醒我們無論時局如何動盪，日常生活還是會有一再出現的美好。當我們的腦袋和心靈都滿懷

112 兩句評語都摘自 'The Inventory', *FT Magazine* (2 December 2011)。

畏懼，我們的嘴仍能輕聲低語：「這披薩還真是好吃。」傑夫・代爾（Geoff Dyer）寫到他吃過的一盤難忘的炒蛋、培根和馬鈴薯煎餅時，就捕捉到了這種經驗：「我吞下淚水開始吃早餐，食物並沒有因為我的情緒崩潰而遜色半分。」[113]

韓德森並不是說他會狂吃巧克力棒安慰自己，或到蘇活區的 Bar Italia 吃他最愛的烤番茄、起司和拖鞋麵包火腿三明治。[114] 他是說他去吃了午餐，而午餐就跟其他兩餐一樣，不只是食物的組合。飲食作家瑟卜・艾米納（Seb Emina）就說早餐「不只是一餐，而是一個時刻」。[115] 午餐跟晚餐也一樣。如果只把早餐當作補充能量好撐到中午的手段，那麼一根雜糧棒外加一杯上班途中順便買的拿鐵應該就足夠。但是無論外帶早餐多麼營養，它還是把一天的基調和節奏設得太快、太機能取向。吃東西變成了我們得盡快處理掉的一件代辦事項，這樣我們才能開始一天的工作。

當你坐下來好好吃早餐，感覺就會很不一樣。不一定要很豐盛，只要坐在桌上吃，聊聊天、聽聽廣播、看看報紙，或思考自己的事。用短暫的停頓開始一天，就是肯定「停頓」的價值，所以我們才能集中注意力，保有自己的想法，不會讓每天的責任義務推著往前跑。這也提醒我們，值得去做的事就值得我們花時間把它做好，生命不只是一張得盡快完成的代辦事項清單。

然而，就跟吃得好一樣，很多人同意歸同意，卻抱怨沒時間好好吃飯。同樣的，最

113 Geoff Dyer, *Yoga for People Who Can't Be Bothered to Do It* (Abacus, 2003), p. 214.
114 "My Life in Food: Fergus Henderson', the *Independent* (27 April 2012).
115 *The Food Programme*, BBC Radio Four (27 May 2012).

直接的答案就是，問題通常不是有沒有時間，而是你心中的優先順序和管理時間的方式。給自己十五分鐘的時間吃早餐，只是表示要早十五分鐘起床或上床睡覺。如果有心，我很難相信一般人做不到。如果你覺得自己就是需要在一天尾聲時，窩在椅子上喝一到三杯紅酒放鬆發條，那就表示你比誰都更需要改變。生活越忙越累，就更需要這種放鬆的時間，但要多少時間則看你的發條有多緊。我個人認為，早餐能幫助你用最放鬆的方式展開一天。

為了維持一天的步調而好好地吃

午餐和晚餐也有助於建立健康的生活步調。從這點來看，午餐或許是一天中最重要的一餐。在英國和北美，午餐多半已經成了草草解決的一餐。英國的標準午餐是三明治和一包洋芋片。三明治用的是切片麵包，通常會塗上人工奶油再夾上滿滿的起司或火腿，或兩者都有。至於洋芋片，英國每人平均每年吃掉相當於一百包的洋芋片。[116]這種標準午餐一般稱作「午餐盒」(packed lunch)。這是個十足實用主義的用詞，在其他會坐下來花更多時間吃午餐的文化中，沒有足堪對應的用詞。無論是學校的午餐盒或便利商店的「特價組合餐」，這種無所不在的三明治加洋芋片的組合，把英國各地的午餐以

116 'Will Drought Hits Crisp Production in England', BBC News Online (14 March 2012), www.bbc.co.uk/news/uk-england-17353181

史達林式的效率變得千篇一律。

於是盎格魯撒克遜人的午餐跟早餐一樣，簡化成僅僅可供食用者補充能量、追求工作效率的一餐。在這種文化氣氛下，午餐吃得久只會讓人有負面的聯想。「午餐的女士」（ladies who lunch）是指閒閒沒事的貴婦，而商業午餐則是報公費喝好酒的上班族專作的勾當。一九八〇年代流行的觀念「無能的人才吃午餐」並非奇怪的偏差思想，只是誇大了文化常態。只有在禮拜天，午餐吃得較久、較豐盛才會受到肯定，但那是全家人僅剩的少數聚餐時光。

地中海周圍的天主教和東正教國家就跟我們截然不同，雖然盎格魯撒克遜人的習俗也是從那裡建立的。法國現在甚至是麥當勞在美國以外的第二大市場，但法國的午餐時間大致上仍比英國長，比較有餘裕坐下來好好吃頓午餐。平均而言，英國上班族的午休時間不到半小時。[117]

想多點時間吃午餐不是趁機偷懶，也不是貪圖享樂。如韓德森所說，重視午餐是為了維持一天的步調。早上的工作告一段落，午餐剛好是一個間隔，是重新充電、整理思緒、備好戰力迎接下午的機會。換另一種比喻來說，典型的盎格魯撒克遜人的一天從直接發動一部疲憊不堪的引擎開始，然後讓它一直運轉到沒油為止。地中海人的方式則是先把引擎檢查一遍，把油加滿，然後再啟動，到了中午就歇一歇，上個油，下午再重新

117 Research by Eurest Service, reported in Ben Leach, 'British Office Workers No Longer Take Lunch Breaks', *Daily Telegraph* (15 January 2009).

運轉，回到庫房時也還算狀況良好。

這樣的節奏會自然而然延伸到晚餐。我們從晚餐時刻開始放鬆發條，直到上床睡覺。理想中的晚餐不應該太難消化。在一天的尾聲，你最想消化的應該是這一天發生的事，而不是剛吃下肚的東西。然而，只要想到特別的一餐或外出用餐，通常晚餐還是人們的首選，就是因為這個原因，如果你想上一流餐廳吃飯，選擇人較少的午餐時間往往會便宜很多。

我們不該小看三餐對生活步調的影響。人醒著的時間多半都奉獻給工作，一星期有一大半都是工作天。如果工作天變得單調無趣，只會讓人沮喪疲憊，生活品質不可能會好。問題是，不是所有人都能找到充滿成就感的工作，但如果工作天有從容的節奏和步調，讓我們的身心都覺得舒服，我們不僅更能好好地面對工作，也有更多精力和熱情面對工作以外的時間，以及對我們最重要的人事物。

米沙拉和義式烘蛋

在英國的很多城鎮都不難找到價格合理的好湯和三明治，而且就食材和新鮮程度來說，幾乎都比得上自己在家做的。沒有必要因為是買現成的食物就覺得愧疚。畢竟在歐洲大陸很受讚賞的午餐文化，重點不是自己動手做，而是到像樣的餐館用餐。

真的需要準備午餐盒時，我有兩個口袋名單。一個是米沙拉，可以一次煮很多當作一餐，甚至隔天帶便當，或刻意剩下一些飯再做變化。多年來我一直對米沙拉感到疑慮，總覺得這道料理很無趣，都是用罐頭玉米之類的現成材料拼湊而成的。但是要把米沙拉變得有趣並不難。一般最常加的材料是番茄和鮪魚，酸豆、水煮蛋切片、烤過切碎的紅椒也都能讓這道料理更有層次。大量的橄欖油和奧勒岡葉之類的香草也一樣。

把義式烘蛋夾在兩片麵包中間比其他常見餡料有趣多了。由於加了不少香味濃郁但體積並不厚重的材料，例如香草、紅蔥、大蒜、辣椒末和帕馬森起司粉，所以義式烘蛋有別於單調、冷冰冰的歐姆蛋。單單是義式烘蛋就已經足夠，或者也可以先用鍋子炒些蔬菜，例如櫛瓜或切成小塊的馬鈴薯，然後很快混進打好的雞蛋裡，再一起倒進鍋子。鍋子要熱，但也不能太熱，免得蛋汁還沒鋪平底部就焦了。我認為訣竅是動作要俐落。當你看見蛋汁邊緣已經定型，就稍微掀起來看看底部是否已凝固，然後拿一個盤子蓋在上面，把鍋子倒過來，蛋就會落在盤子上，還沒煎過的那面朝下。接著再把蛋滑回鍋子裡煎熟。中間有點水水的無妨，比這更濃稠的西班牙蛋餅就是如此。不過如果你要放涼才吃，煎熟一點或許吃起來比較不會一團亂。

你要把這些東西當外帶三明治一樣狼吞虎嚥、匆匆忙忙地吃，當然也不會有人說什麼。不過午餐吃什麼跟怎麼吃一樣重要，而生活不也是如此？

二十一、一個人吃飯 Eat alone

豐富內涵的好機會

讀研究所的時候，我搬進北倫敦的一間套房。房間大小適中，一邊角落是淋浴間，另一邊角落有水槽、冰箱和 Baby Belling 牌的雙口瓦斯爐。什麼都有了，就缺一樣家具。女房東是大學講師，我問她能不能追加，或者我先去找有沒有便宜貨，之後她再貼錢給我。我要的那樣家具就是可以讓我坐下來吃飯的折疊式小餐桌。

對方的反應出乎我的意料。她似乎很驚訝像我這樣的年輕單身男性會想坐在桌上吃飯。或許我是很怪。之前的房客甚至不知道瓦斯爐能不能用，因為他都外食。其實不只年輕男性，根據一份調查，將近四分之一的英國家庭沒有餐桌，就算有，把餐桌用來吃飯的家庭還不到一半。[118]這可能跟英國有七百六十萬人（約占成人人口的百分之十五）獨居的事實有關；換句話說，將近三分之一的英國家庭只有一名成員。[119]

認為單身跟吃得好沾不上邊，是一種強烈的文化成見。幾乎所有跟美食有關的刻板印象都離不開社交場合，例如週日中午跟家人聚餐、兩人的浪漫燭光晚餐、杯觥交錯談

118 二〇〇五年素食餐廳 Cranks 展開研究，獲法新社報導，經不少著作引用，一是 *The Times of India* (16 December 2005)。

119 見 'Census: Population Estimates for the United Kingdom', ONS Statistical Bulletin (17 December 2012). www.ons.gov.uk/ons/dcp171778_292378.pdf

笑風生的晚餐派對。自己用餐的刻板印象又是如何？可憐的單身漢捧著杯麵；老處女對著低油低脂的微波餐；靠養老金過活的寂寞老太太喝著罐頭湯。唯一會讓人覺得開心的獨自用餐畫面是：心虛地狂吃巧克力和冰淇淋（重點是心虛），但這種行為最有可能被看作一種轉移悲傷的極端方法。至於在餐廳，獨自用餐的人在旁人眼裡通常不是被放鴿子，就是想辦法要從出差預算中揩油。近幾十年來烹飪書多不勝數，卻只有一本暢銷食譜是針對單身人士，那就是黛莉亞·史密斯（Delia Smith）的《自己吃飯也能樂趣無窮》（*One Is Fun*），書名本身就暗示一般人並不認為自己吃飯有何樂趣。

成年之後，我單身的時間比有伴的時間還多，因為兩種生活都體驗過，所以我不想誇大一個人生活、吃飯的樂趣。有些人確實喜歡一個人住，也有些人寧可跟不適合的人住在一起，也受不了一個人住。大多數人介於中間，但我認為如果你剛好單身，沒有必要假裝一個人也能自得其樂，我單身時這麼想，現在還是。有個好伴或好相處的人一起生活或許最好，但最慘的是困在糟糕的關係裡，或是得忍受可怕的室友。天堂和地獄都不是自己能決定的，但人世間倒是有些風光明媚的荒島。

大家說到獨居生活時的好處時，常提到獨立自主或自給自足這兩點。但對我來說，兩者本身都不一定是好事。把任何一個奉為圭臬，就拒絕了跟人互相依賴帶來的更大收穫。這同時有一絲「苦中作樂」的意味，畢竟大多數人都願意為自己的真命天子犧牲很大一部分的獨立自主。獨居生活真正考驗的是我們的「內涵」。無論自己住或跟別人住，豐富的內在生活都能讓我們受惠。

我們社會對獨自用餐者的偏見

這裡我指的不只是不需假借外在刺激就能存在的東西，甚至剛好相反。擁有豐富的內涵，就表示能夠吸取經驗，從知識、美學或情感層面消化這些經驗。少了這樣的內化過程，經驗只會掠過表面，生命也會變得淺薄。缺乏內涵的人會因為外在的刺激而發笑、開懷、興奮或得到安慰。一旦抽掉外在的刺激，就什麼也不剩。相反的，內涵豐富的人能夠透過記憶、反省、自我探究來延伸並深化經驗，或藉由經驗激發其他的創新。這樣的人不是漸漸躲回自己的世界，而是越來越投入周圍的一切。說來矛盾，由此可見常常需要尋求外在刺激的人，往往是最孤單、跟世界最疏離的人。社交活動基本上就是在轉移我們的注意力，使我們不需面對內在的存在焦慮。所以缺乏內涵的人通常難以坐下來閱讀。

大多數人認為烹飪和飲食對內涵的幫助不大，有些人卻覺得不然。如果你對吃有起碼的興趣，沒有哪一餐就只是填飽肚子那麼簡單。你會注意一道料理哪裡好、哪裡不好，下次能怎麼變化，或是回家怎麼自己變出來。這些都不是什麼了不起的想法，但對充滿好奇且注重日常生活質感和深度的人來說，有一定的重要性。

獨居者跟任何人一樣能夠投入這些事，並從食物中獲得樂趣。既然如此，為什麼很多人言行之間都透露著，一個人吃飯應該只是在填飽肚子？大家心裡好像都覺得，單身者不應該也不可能從烹飪和飲食中得到樂趣。為什麼？不太可能有人認為一個人不該從烹飪和飲食中得到樂趣，所以不可能是這種心態作祟。

在無法為某種心態找到合理的解釋時，我就會嘗試哲學家珍妮．瑞德克里夫（Janet Radcliffe Richards）的建議。那就是問：「什麼樣的信念會讓這種心態變得合理？」如果只有一個看似可能的答案，那麼無論該信念多麼瘋狂，你都有充分的理由相信這就是這種心態背後的信念。[120]以這個例子來說，我想唯一的解釋就是，烹飪和飲食只是一個大信念（一種含蓄的信念）底下的兩個例子，這個大信念就是：單身人士不該也無法從生活中得到樂趣。當然很少人會說得這麼直白，但只要仔細觀察單身者周圍人士的一言一行，這種假設似乎就會逐漸浮現。高唱單身萬歲的快樂單身人士在一般人眼中不是怪胎，就是在逃避。

這種偏見的演化學解釋是，人類為了生存而必須團結合作。我們之所以對單身者有所警戒，是因為他們否定了我們為了存活而必須具備的社交性。或許這也是為什麼說自

120 我跟珍妮．瑞德克里夫討論過此問題，收於 *What Philosophers Think*, edited with Jeremy Stangroom (Continuum, 2003), pp. 23-31。另見 Janet Radcliffe Richards, *The Sceptical Feminist* (Penguin, 1994)。

己沒生小孩也很快樂的人，往往會引來懷疑的目光。無論演化是不是真正的原因，自得其樂的單身人士確實或多或少被視為一種威脅。這些不需要依賴別人的單身貴族讓其他人顯得更加依賴；他們對生活的滿足和知足讓我們的欲望顯得誇張過度。這種想法已經根深柢固，這也說明了為什麼很多單身人士就算有時間好好下廚、吃飯，往往也不這麼做——一個人也能過得好的想法令他們害怕。他們以為只有怪胎喜歡自己一個人，而他們可不打算跟怪胎抱持同樣的想法。

這些說法雖然多少是我的推測，但我想說的重點應該不成爭議。如果對食物有興趣，沒有道理不能喜歡一個人下廚、一個人吃飯。理論上，幾乎每個人都會同意這一點，但實際上社會對獨自用餐者的偏見既普遍又明顯。

「獨自到餐廳用餐而覺得自在，是長大成熟的真正指標，」哲學家貝瑞．史密斯告訴我。「你是餐廳裡最自在的人。你可以環顧餐廳，觀察互不搭理的夫妻、興奮期待的約會男女等等。你輕鬆自若，你可以慢慢地吃，細心品嚐食物。」

雖然有些人喜歡單獨用餐，但史密斯偏愛跟喜歡的人一起用餐，我也一樣，不過最糟糕的選項還是跟討厭的人一起用餐。獨自用餐符合我的人生座右銘：未到完美，但比不錯更好。況且獨自用餐也給我們機會充實內在，讓我們日後跟他人一同用餐時顯得更加成熟和有趣。

辣醬蔬菜

不少料理適合煮一人份，也有一些適合一次做兩份，另一份可以隔天再加熱，更好的話甚至可以稍作變化再上桌。辣醬蔬菜就是一個。這道料理沒有所謂的傳統食譜，不過在下認為我的版本還不錯。基底是辣椒末和大蒜末，丟進深鍋裡用橄欖油炒軟。如果用新鮮辣椒就切細一點，放進鍋裡一起炒。量要多少很難說，要看辣椒多辣、你喜歡吃多辣而定。通常辣椒越小越辣，所以小心先放一點，再看你覺得夠不夠辣。

炒軟之後就放入蘑菇，有些切大塊，有些切很細，這樣會有很像肉塊或絞肉的口感和味道。接下來是香料：如果你沒用新鮮辣椒就放些乾辣椒，或者喜歡辣就再加點乾辣椒，也可加點孜然。我的話會加些紅椒粉，增添一種強烈的、煙燻的風味。再來則加入切小塊的茄子，煎到茄子有些縮水，然後加入切碎的罐頭番茄和罐頭豆子（先煮好的也行）。一般人喜歡紅腰豆，但我認為混合多種豆，或者有斑豆和黑眼豆更好。祕密配方來了：一茶匙左右的馬麥醬（Marmite）和兩茶匙可可粉，後者是墨西哥醬（mole）不可或缺的成分。馬麥醬已經是鹹的，不需再多加鹽。或許也不需再加液體，要就加一點水就好，然後小火慢燉，直到茄子煮到你喜歡的口感。

基本作法可以不斷調整，創造你最喜歡的版本，隨個人喜好改變蔬菜、豆子和香料。隔天吃味道更好，因為食材更入味。重新加熱時可以來個好玩的變化：打顆蛋，讓蛋泡在醬汁裡煮，蛋黃凝固之前即可上桌。

二十二、筵席的精神 Share the joy

一起生活，分享喜悅

「別在我的廚房裡提起那個字！」慢食的英國分會主席凱薩琳・賈左里喜歡慢食運動宣揚的精神，卻難以忍受它故作神祕的語彙。由專家選出的當地特產會集合在象徵性的「美味方舟」中，受當地的「衛戍」保護，並在每年的「大地母親日」（Terra Madre day）舉辦展示慶祝會。對賈左里來說，這些語彙只會讓想加入協會的人卻步，尤其如果當地的慢食分會是以官方名稱為人所知的話，也就是 *convivium*，她不准我提起的那個字。

Convivium 的拉丁字源意指「筵席」或「宴會」，也就是英文的 conviviality，但義大利人看到可能只會想到 *commensalità*，即餐桌上的陪伴和交際。通常重點會恰如其分地放在美食美酒和良伴益友上。然而，問題是，這也是 *convivium* 能夠引起的所有聯想。因此雖然慢食協會這個非營利組織發起各種運動，仍然被視為一個中產階級的美食俱樂部，起碼英國分會確實有這個傾向。儘管如此，這不表示這類型的筵席是中產階級的專

利。例如，社會學家皮耶·布赫迪厄（Pierre Bourdieu）發現在一九七〇年代晚期的法國，「農民和工廠工人仍保有歡聚暢飲的習俗」，但「最高社會階級的人」卻「為了身材苗條而屈服於清醒節制的新倫理」。所以在「資產階級或小資階級」的餐廳和酒館，「每張桌子都是一個各自獨立的領地」，但工人階級的餐館則是「呼朋引伴的地方」。[121]

但 conviviality 的意義不只如此。從字源來看，conviviality 結合了拉丁文的 *com*（一起）和 *vivere*（生活）。兩個字合在一起營造出很歡樂的效果：動詞 *convivere* 意指一起痛飲；名詞 *convivium* 意指盛宴。因此，conviviality 是一起生活的藝術，但不是勉強湊合或互相忍耐，而是懷抱溫暖和喜悅一起生活。

這種筵席不該只限於同桌吃飯的親朋好友，也延伸到陌生人才對。很多去過貧窮國家旅遊的人，回來後常說到那裡的人多麼熱情好客，總會拿食物招待素昧平生的外國人。跟人分享食物一直都是表達歡迎最簡單也最有力的方式，這個舉動傳達了對人的善意，而非互相猜疑。

這種熱情好客的行動有些轉化成社會的習俗，其中最令人印象深刻的就是錫克教徒的 *langar* 傳統。無論你來自哪裡，只要走進錫克教神寺，無須開口，就會獲得免費招待的一餐。我在伯明罕的拿那克宗師錫克寺（Guru Nanak Nishkam Sewak Jatha）親眼看到這一幕，那裡每週招待約兩萬五千份的免費餐，全都由義工張羅。

121 Pierre Bourdieu, *Distinction* (Harvard University Press, 1984), pp. 179 and 183.

「*Langar* 是我們的第一位宗師在十五世紀開創的傳統，」那裡的負責人摩伊德・辛格長老告訴我（一般稱他為辛格長老）。「他父親給他相當於二十盧比的錢，跟他說：『去吧，孩子，去做點好生意。』於是他就去買食物呈給餓肚子的聖者。回去之後他說：『爸爸，我做了真正的生意。』他父親聽了不太高興。」

食物把人拉到同一個等級

以一般對「生意」的認知來說，也難怪他父親不高興。辛格長老說，*langar* 不是生意，是服務。「有人會去麥當勞吃東西，那裡的食物或許很好吃，但就是少了什麼，就是對食物的愛和投入。」

免費提供的食物，讓我們用買賣交易或尋求最大利益以外的眼光，看待人與人間的關係。這也再一次證明了，食物把人拉到同一個等級，迫使我們不得不腳踏實地。辛格長老告訴我，*langar* 這個波斯文另有「船錨」之意，這應該不是巧合。「大家不分高低坐在一起，吃同樣的免費招待餐，無一例外。這對自我很好，自我是人類苦惱的來源。即使是蒙兀兒帝國的皇帝都得跟一般人一樣吃免費招待餐，這在金寺每天都在發生。那裡每天約有十三萬人受招待，無論你是富可敵國或一貧如洗，大家都坐在一起吃飯。」

當每個人既是服務者又是被服務者的時候，這種「平起平坐」的效果最是卓著。辛格長老只要在錫克寺，每天下午都會親自為人奉茶。重點是，如果你不夠謙卑，如果你對他人沒有愛，如果你不想跨越自己，就不可能為任何人送上食物。

Langar 是互相的關係，你可能今天為人服務，明天換你被人服務。此外，食物免費供應給所有人，不只是飢餓的人，不會讓人覺得是慈善救濟的愛心餐。「慈善帶有一絲自我本位的意味，表示你現在正在做公益，然而有能力服務別人其實應該覺得快樂才對，」辛格長老說。仁慈不是表達善意的一個選項，而是義務。他說「服務別人讓我們覺得榮耀」，我訪問過的義工也有同樣的感覺。

在 *langar* 中發揮得淋漓盡致的美德，在其他宗教傳統中也可以找到。這些宗教幾乎都肯定了分享食物的重要性：讓人與人聚在一起並和諧相處。比方我去過很多所本篤會修道院，發現他們都把三餐視為群體生活中很重要的部分。神父克里斯多福・傑米森告訴我，這麼重視三餐「跟聖餐有關。這是一個為人服務的機會，也是群體聚在一起，一起傾聽的機會，因為用餐時是不交談的」。但在節慶期間，一起用餐也是表達喜悅的機會，因為「可以邊吃飯邊說話，由於是節慶的盛宴，所以你決定跟大家一起大吃一頓」。

這種形式的「聖餐」的重點是，它完全從人性層面出發。「一起用餐時，我們無論心靈上或身體上都一起分享食物，這是人類特有的一種活動，」萊斯特郡聖伯納修道院的神父說。無獨有偶，唐塞德修道院的唐．大衛（Dom David）也說：「在修道院的食堂裡，不過就是一些人做著人才會做的事，比方用餐、互相幫忙、收拾整理。都是一些人做的事而已，」只不過是「為了在人的層次上，培養神在你我心中、隨時與神同在的感覺。」

食物是達成分享的最佳工具

喜悅，分享，群體，服務，人性。我認為所有糧食援助的方法都應該展現這些價值。不應該把食物當作擁有者給予匱乏者的禮物，而是出於同舟共濟和責任感而一同分享食物，當然也不僅僅是補給營養，雖然這也很重要。Conviviality（一起生活）同時也是分享喜悅。《芭比的盛宴》（*Babette's Feast*）一片中就有個很好的例子。女主角芭比是個法國廚師，她逃離了法國大革命，在一對未婚姊妹家中幫傭。這對姊妹雖然上了年紀，仍帶領著父親一手創立的教會。芭比準備了湯和麵包讓兩姊妹帶去給村裡的窮人，雖然只是簡單的料理，村人仍吃得津津有味。然而，當芭比暫時離開時，村人卻對兩姊妹準備的黏糊黃粥皺眉頭。給人食物免於飢餓是件好事，但如果食物不只能讓人免於飢餓，更能讓人好好生活，豈不更好？存活不是分享財富跟互相幫助的終極目的，只是一個手段，真正的目標是讓更多人活得更充實。

筵席的真正精神不只存在於料理和享用食物的過程，也在種植的過程中。例如：在社運人士艾絲黛．布朗口中，托摩頓食食在在計畫的「重點不在種菜，而是讓社群更加團結」。焦點不是少數積極投入自耕自食的人，而是種菜這件簡單的事似乎讓大家凝聚在一起。「大家開始攀談。如果你在公共地區種了胡蘿蔔，路過的人就會對種蘿蔔比較有概念，他們會知道老一輩的人是怎麼做的。也有可能他們搞不清楚那是什麼，還會停下來問：『那是什麼鬼？』於是大家就繞著這個話題聊了起來。」

從這個計畫中受益的人，確實不只是一小群中產階級美食主義者。該團體發現，住社會住宅或拿救濟金的人比較不會參加聚會，於是就在社會住宅區設置簡易廚房，大聲請居民出來享用免費餐點。他們還用手推車推著滿滿的番茄苗到住戶的菜園。現在這些住戶也有自己的菜圃，當地的房屋仲介 Pennie Housing 2000 也加入計畫，發送所有新房客培養土、發芽的馬鈴薯和養雞許可。

從計畫開始以來，全鎮的破壞公物和刑事毀損案件減少了逾四分之一。連窩在運河隧道裡的酒鬼都不像以前那樣在河岸上亂丟垃圾，反而還會用酒瓶幫菜園澆水。電視名廚休．芬利維登斯多到鎮上參加豐收慶典並拍攝節目那天，那些醉漢在另一個愛窩（公車亭）喝得酩酊大醉。「但是當休跟團隊成員去公車亭摘香草時，那些醉漢急忙衝出來大喊：『混蛋，把東西放下！那是托摩頓的東西！』」

自己種菜似乎軟化了周遭環境的稜稜角角。這在當地的警察局最是明顯。現在警局門口就有好幾塊菜圃，名字也取得奇奇怪怪，例如「布朗警佐的寂寞胡椒俱樂部」、「授粉花園」、「正當植法」。「大家來通報壞事或尋求幫助的地方，多了一種有趣的面貌，」值班員警告訴我，「變得比較容易親近。」

我們很容易把食物的凝聚力量浪漫化。為了取得平衡，我們也不該忘記人類常為了土地和水源爭得你死我活，而世界各地的農民永遠為了偷牛偷羊的事爭吵不休。某方面來看，人如何（不）分享食物就是人與人凝聚力強弱的指標。不歡迎客人、拒絕同桌吃飯，這些都是再清楚不過的敵意，現在還多了政治意涵。目前的全球貿易規則並沒有反映出健全的、國際化的 conviviality。「分享」的概念不見了，取而代之的是富國對窮國的「施捨」。雙方不但無法平起平坐，富國還藉由補助本國農民及設立貿易障礙等方式，讓窮國更難輸出農產品。

Conviviality 如果只限於跟我們同桌吃飯的親朋好友，就會流於淺薄、自我本位和享樂主義。真正的、符合倫理的 conviviality 在於認清我們之間共通的人性，意識到人與人之間互相服務的關係，而分享好東西不僅能讓我們和平相處，也能讓我們相處融洽。食物是達成這個目的的最佳工具，因為當我們掰開一塊好麵包時，我們永遠不會忘記你我本質上都是脆弱的、有限的血肉之軀，卻學會了把存活的工具變成生命中最令人滿足的喜悅。

中東小菜

中東小菜或許是最典型的分享餐，因為這種飲食方式源於土耳其文化，後來傳到全世界各地，因此分享的意味更加濃厚。一般的組合也都是簡單家常的料理，味道簡單質樸，跟土壤和土地的距離很近。

我前面提過的鷹嘴豆泥是主角之一，茄子醬也是。你只要把茄子切斷，放在烤架上把兩面烤到變軟，外皮就會變焦，這樣才會有一股煙燻味。接著把茄肉挖出，跟橄欖油、檸檬汁、芝麻醬、少許優格和孜然混合即可。

黃瓜優格醬也很簡單。小黃瓜去籽去皮，瓜肉磨碎，加鹽，用篩子濾掉多餘的水分。然後加入希臘優格（你也可以拿一般優格再用棉布濾乾水分）、大量的切碎薄荷或蒔蘿、檸檬汁、適量橄欖油，喜歡的話也可加點蒜末。

番茄燉白豆則是把幾乎全熟的大白豆放進基本的番茄醬汁裡，加上蒔蘿或其他香草，然後放進烤箱烤四十五分到一小時，看你調的溫度多高而定，烤到醬汁變濃、豆子全熟就可以了。找不到大白豆，也可用皇帝豆代替。如果你想偷懶，就用已經煮熟的豆子下去烤，只要把醬汁減量再放進烤箱即可，但不要烤太久。

番茄黃瓜羊奶起司沙拉的作法很簡單，但如果要做些有趣的變化，可以把烤好或煎好的櫛瓜片鋪在盤子上，在上面灑些羊奶起司和薄荷葉，然後再淋上檸檬汁、橄欖油和鹽。

至於簡單的烤餅，只要把十份白麵粉跟六份溫水及少許鹽混合，揉成一個麵團，蓋上布讓它發一下，不同廚師建議的時間從十分鐘到一小時不等。接著把麵團分成一球一球，擀平，一個個放進燒熱的不沾鍋裡煎，直接煎或加一點油或奶油皆可，餅皮略焦就可翻面。每一面煎個幾分鐘即可，如果掌握得當，麵皮會從底部澎起，形成中空的口袋。

Companion（同伴）的字面意義就是一起（com）分享麵包（pan）的人，因此非常適合用剛烤好的麵包，象徵人類如何把感官享受、創意、知識和人際交往合而為一。製作和分享這麼簡單的麵包，也最能展現人類靈肉一體的生活方式。

二十三、及時行樂不快樂 Seize not the day

在覺察中體驗快樂

南度・帕拉多（Nando Parrado）和朋友的座右銘是：「有麵包吃就吃，有美眉親就親。」這是古羅馬詩人那句耳熟能詳的「*Carpe diem*」（及時行樂）的可愛寫實版。帕拉多會把這句話當成座右銘，與其說是因為跟死神擦身而過，不如說是跟死神促膝長談過。一九七二年，他跟著橄欖球隊從故鄉烏拉圭飛往智利，飛機墜毀在一萬八千呎高的安地斯山脈，包括他母親和么妹在內的其他乘客都當場死亡。然而，帕拉多和另外十六名乘客奇蹟似地存活下來，花了十一天的時間跋涉高山，經過七十二天終於獲救。[122]

這次的經驗很極端，但很多人都有類似的瀕死經驗，大多數人的結論都大同小異：這次經驗讓我知道活著有多麼幸運，我決定以後要好好把握每一天。人往往要到跟死亡面對面才了解生命的可貴。這個事實即使可悲，卻反映出人之為人的弱點。活著時很難一直保有「生命可貴」的高度自覺，即使在我們強烈意識到生命有限以後。《辛普森家庭》有一集一針見血地嘲諷了這種現象。荷馬以為自己吃下了毒河豚，只剩下二十二小時可

122 見www.parrado.com

活。隔天天亮他發現自己還活著就大聲說：「我還活著！從今天開始我發誓要充分利用生命！」接下來我們卻只看到他坐在電視機前面看保齡球、吃炸豬皮，毫無改變。[123]

荷馬或許很沒用，但我們都難免會落入這種窠臼。哲學家海薇・卡羅（Havi Carel）被診斷出罹患了一種罕見的肺病，只剩下十年可活。知道這個消息後不久，她寫下意識到生命的有限教會她「享受小確幸」、「寬容對待自己和他人」、「為沒被悲傷、痛苦或絕望吞噬的每一刻心懷感激」。[124] 然而，過幾年狀況穩定了，死亡的立即威脅消退後，她承認要保持同樣的自覺越來越難。

把握每一天對任何人來說都不簡單。這是一種藝術，不單要對人的狀況有所了解，也要能領略生活的樂趣。那些要我們把握生命的口號通常幫助不大。帕拉多說的「有麵包吃就吃，有美眉親就親」並不是字面上的意義。這可不是什麼享受生命的祕方，真的這麼做只會變成一個過胖、幼稚、一輩子單身的人。*Carpe diem* 的字面意義（把握每一天）也沒好多少。我們不可能把握住每一天。對身而為人這件事有所自覺，也就表示你很清楚時間只會不斷流逝。因此試圖把握每一天就像要阻止河水流逝一樣徒勞。

你可以說這就是重點所在。生命如此荒謬，面對它的唯一方式就是義無反顧地抓住它，儘管終究是白費力氣。這多少扭轉了卡繆的《薛西弗斯的神話》。薛西弗斯受神懲罰，永生要推動巨石上山，卻又眼睜睜看著巨石滾下山。薛西弗斯只有認命才可能快

123 'One Fish, Two Fish, Blowfish, Blue Fish', *The Simpsons*, Season 2, Episode 11, first tx 24 January 1991.

124 Havi Carel, 'My Ten-Year Death Sentence', the *Independent* (19 March 2007)。另見她的著作 Illness (Acumen, 2008)。

樂，無論這樣的命運多麼沒有意義。把握每一天聽起來也像諸神的詭計。只不過我們的懲罰是一輩子關在畜欄裡追著滑溜溜的小豬跑，才剛抓住牠，不過幾秒又讓牠跑了，而短短幾秒「有如真實的當下」，按照威廉·詹姆斯（William James）的定義就是，「我們立即且不斷感受到的短暫片刻」。[125] 這是個無謂的遊戲，但不玩的話就只能站在畜欄裡無事可做，而一旦遊戲完結，我們也完了。所以就玩吧。至少有點樂趣，比無事可做好一點。因此，把握每一天就是要我們及時行樂，奉行享樂主義。

享樂生命的缺憾

如果你打算盡情享受人生，肉體的滿足是最明顯的選擇，其中又以吃吃喝喝、開心過活最簡單。至少不像追求性愛的歡愉那樣複雜、難以捉摸，而且沒人會因此受傷（就算有也傷害不大）。再說，一天理所當然會有三餐，換成其他選項坦白說就沒那麼容易維持這種頻率。

這樣及時行樂的最佳代表是薩姆爾·皮普斯（Samuel Pepys）。從他的日記中看得出他不只記錄了倫敦發生的事，簡直把倫敦也一起吃下肚。他記錄的一場不到十二人的晚宴菜單有：「燉兔肉和雞肉、滷羊腿、三尾鯉魚、羔羊腰內肉、烤鴿、四尾龍蝦、三

125 William James, *The Principles of Psychology* (1890), vol. 1, Chapter 15, 'The Feeling of Past Time Is a Present Feeling'.

個水果餡餅、七鰓鰻（長得像鰻魚的河魚）派、一種極少見的派、鯷魚、數種好酒。」當你讀到這場盛宴發生的背景時，就比較能夠理解這些人怎麼會這麼不知節制。「這週死於瘟疫的人數超過七百人，」皮普斯寫道，語氣輕描淡寫，好像只是在記錄當天的溫度。當周遭世界悲慘如地獄時，也難怪大家會想，管他的。然而，這樣大吃大喝也要付出代價，即使用純粹享樂的天秤來衡量。皮普斯的日記到處可見「昨晚的墮落讓我頭痛了一整晚和一整個早上」，還有「醒來時我發現自己身上都是黏答答的嘔吐物」。[126]

就算快樂大於痛苦，只顧追求下一次享樂的生命還是有所缺憾，甚至有種深沉的悲哀。無論一餐多麼美好，酒足飯飽的溫暖感覺延續的時間仍然有限，不可能長久。離開餐桌時可以說我們滿載而歸，也可以說我們空手而回，因為能帶走的唯有回憶而已。明天同樣的追逐又得重新開始。快樂存得不久，所以當它變成你追求的目標時，你就注定要不停想辦法補足庫存，補給一旦中斷，就什麼也不剩。

難道沒有比這更好的方式嗎？傳統上的另一種選擇甚至更慘，那就是放棄肉體的滿足，或至少減到最低限量，轉而擁抱靈魂的滿足。與其抓住每一天，不如讓永恆抓住你。轉向上帝或神聖的力量，超越身為動物的可悲侷限，追求天堂的國度，到沒有盡頭的世界追求無限的幸福快樂。

如果你相信沒有永恆的靈魂、沒有天堂或上帝，上述的方法顯然行不通。就算你有

126 Samuel Pepys, *The Joys of Excess* (Penguin, 2011)。引句來自他的日記，分別是一六六一年四月二十三日、一六六一年六月六日、一六六三年四月四日、一六六五年七月十三日。

信仰，事情也沒那麼簡單。舉例來說，如果有來生，你仍然是一個活在時間洪流中的人類，仍然要面對現在、過去和未來，所以還是會回到同樣的問題：如何生活。滑溜溜的小豬仍然抓也抓不到，即使遊戲無止盡地延續。假如人死後某些本質會回歸神聖，或是會投胎成為人以外的其他動物，那就表示人終究難免一死。

所以我們困在內在性的侷限和超越性的幻想之間。既不能把握每一天，也無法永恆不朽。那麼我們該怎麼辦？

我們可以從搞清楚享樂是什麼，還有它在幸福生活中扮演的角色開始。「享樂」（pleasure）在這本書中一再出現，但都潛伏在背景裡，偶爾才不小心跑到舞台上，一下又消失無蹤。有人會覺得這麼做是忽略了餐桌上的主角，很不應該，其他美德應該都只是眾星拱月的配角才對。如果如我所說，懂得吃就是懂得如何生活，那麼生活和飲食的藝術，不就是懂得如何從這兩者中獲得樂趣？

沒那麼簡單，因為哲學家對享樂的本質和它在美好生活中的角色仍然眾說紛紜。對伊比鳩魯這一派的哲學家來說，「享樂是受庇佑的生命的開始和結束」。[127]但對對柏拉圖這一派的哲學家來說，享樂卻是「邪惡的最大誘惑」。[128]換句話說，享樂既是我們最遠大的目標，也是我們最卑劣的動機。

這麼基本的問題，偉大的心靈怎麼會如此意見分歧？我想原因在於兩方都道中了部

127 Epicurus, *Letter to Monoeceus*, §127.
128 Plato, *Timaeus*, 69d1.

分事實，只是雙方都沒發現這個事實。一個代表人物是以快樂作為倫理準則的哲學家邊沁。他相信所有行為的「功效」，都應該「根據利益受影響的一方的快樂是增是減」來判斷。快樂（happiness）本身當然很複雜，跟享樂不同。但對邊沁來說，「利益、好處、享樂、善、快樂在這裡都導致同樣的結果」，他認為享樂從何而來並不重要，只要不會減損別人的享樂。[129] 享樂一概平等，就像簡單的酒吧遊戲，只要你喜歡，圖釘跟詩都一樣好。[130]

另一邊理論的代表人物是邊沁的教子，約翰．彌爾。他大致上同意邊沁這位良師益友的快樂（享樂）至上的論點，但同時也認為心智得到的快樂，比身體得到的快樂優越高尚。[131] 彌爾延續了亞里斯多德的傳統，相信人類最高的能力是人類獨有的，而我們跟其他動物皆有的能力則是較低下的。

第三種也是最後一種論點來自各自分散、沒有特定代表人物的一群人。這些人認為享樂最多只在美好生活中扮演次要的角色，說不定連邊沁都沾不上。

高等的享樂與下等的享樂

三邊的立場雖然互不相容，但重點是，三方都說對了不同的事，卻都弄錯了同一件

129 Jeremy Bentham, *An Introduction to the Principles of Morals and Legislation* (1789), Chapter I, paras 2 and 3.
130 Jeremy Bentham, *The Rationale of Reward* (1825), Book III, Chapter 1.
131 J. S. Mill, *Utilitarianism* (1863).

事。他們的共同錯誤可以在邊沁和彌爾對享樂的不同看法中找到。雙方的爭點在於，能否從我們從中得到樂趣的事物裡區分出享樂的高下？所以食物、性和其他肉體享樂被歸為「下等」的享樂，而藝術、論述和學習就是「高等」的享樂。但這樣的分類完全忽略了享樂的另一個面向：重點不只是我們從**什麼**得到快樂，還有**如何**得到快樂。讀莎士比亞的故事卻完全不懂其中意義的小孩，所得到的快樂並不會比讀童書《好餓的毛毛蟲》還要高。吃松露的豬跟把松露刨在義大利麵上的老饕，兩者的體驗也不相同。享樂的高下之分不只跟享樂的內容有關，也跟我們享受它的方式有關。

有些東西明顯比其他東西會帶來更高的享樂。小朋友有天會懂得欣賞《哈姆雷特》的複雜精妙，但《好餓的毛毛蟲》終究只有簡單的快樂。你可以學會分辨一杯 Barolo 紅酒的風味和香氣的不同層次，但永遠無法從一瓶廉價的酒裡嚐到水果味以外的味道。然而，幾個世紀以來，主流哲學和西方文化似乎都把帶有強烈感官成分的體驗歸類為本質較低下的，所以只能提供低等的快樂體驗。若是如此，那麼飲食和思想終究會分道揚鑣。柏拉圖在《高爾吉亞》（*Gorgias*）對話錄中相當清楚地呈現了這種偏見：「從享樂的層面來看，烹飪從不觸及一個人追求這種享樂的本質和原因，而是直接跳到結果。」[132] 即使實際上或許八九不離十，但柏拉圖顯然沒有考慮到其他的可能性。烹飪不一定要用來滿足欲望。如我先前所說，我們可以也應該思考烹飪和飲食的更大意義，由此改變我

132 Plato, *Gorgias*, 510a.

們面對兩者的方式。

因此，彌爾的基本論點沒錯，有些快樂確實比其他快樂高尚。但邊沁說的也沒錯，不能根據給予我們快樂的事物的種類來判別快樂的高下。但他們兩個人都錯在忽略了一個重點：如何得到快樂跟得到何種快樂一樣重要。或許這個錯誤源自西方哲學主流的二元論——把身體和心靈分開來，未能考慮到人類是靈肉一體的動物。彌爾和邊沁思考的快樂不是身體的快樂，就是心靈的快樂，但最大的快樂往往是兩者兼具。

他們還犯了另一個錯，那就是把快樂當作百分之百正面的東西。但很多我們覺得珍貴、值得或有趣的事物都不能帶來快樂。想想我們生命中最重要的事物。即使另一半生了重病，雙方再也無法從對方身上獲得快樂，你也不會因此拋棄對方。創意工作往往甚至不特別有趣。純粹的享樂主義者絕不會生小孩，反過來說，把生兒育女帶來的滿足感稱作一種「享樂」似乎太過膚淺。

就算按照邊沁的建議，把享樂的概念延伸到平常所謂的「快樂」，也避免不了這種錯誤。確實，快樂和享樂並不相同。享樂跟特定經驗和特定時刻比較有關，通常是很短的時刻。快樂比較類似一種背景感覺，通常沒有享樂那麼強烈，但延續較久。甚至可以說一個人「痛苦並快樂著」也不矛盾，如果痛只是一時受到刺激，並不影響一個人打從心底覺得滿足。

儘管兩者之間有這些差異，快樂和享樂在一般認知下，基本上還是同一件事：代表各種好的感覺，或是心理學家所謂的「正面情緒」。雖然有些正向心理學家主張正面情緒是生命最重要的事，但我不認為會有很多人認同。例如，麥可・漢內克（Michael Haneke）的《愛・慕》（*Amour*）敘述了一個名叫安的老婦人健康惡化、丈夫喬治盡心盡力照顧她的過程。電影觀察細膩，深刻感人，卻很難說它讓人快樂，甚至連振奮人心都談不上。看完之後我鬱鬱不樂地吃著晚餐，我發現這不是我一開始期待的放鬆夜晚。這部片沒讓我覺得快樂，但我很高興沒選其他更歡樂的片，因為選擇這部片讓我的生命更加豐富。

現在我們知道那些否認享樂是美好生活的主角的哲學家說對了什麼。把追求享樂當作人生第一目標是錯的。一來人生不只有正面情緒，二來當我們按照美德過生活時，最極致的享樂通常不是刻意追求的，而是無意中發現的。為了純粹享樂以外的理由而從事的活動，最能讓我們感到快樂，尤其當我們了解其本身的價值時。這就是為什麼圍繞著食物的道德議題，例如動物福利、公平貿易和環境保護，都不只是等待被解決以便讓我們更快樂的問題。應該說，當我們問心無愧，知道食物的來源跟它的味道一樣好時，我們得到的快樂更完整、更合乎人性。

這也是為什麼雖然創意工作和生兒育女往往不是享樂，也不一定帶給人快樂，碰上了卻是人生最大樂趣的來源。了解其中道理的唯一方法，我想就是把最大的快樂跟對我們意義重大的事連在一起思考，而不是把享樂當作我們做任何事的唯一考量。生兒育女帶來快樂是因為這件事對我們意義重大，不是因為它帶來快樂而意義重大。

因此，如何得到快樂跟得到什麼快樂一樣重要。直接追求快樂本身通常不是得到快樂最好的方式。這不純粹是一種策略。把享樂當作人生第一目標，反而會遠離那些給我們最大滿足的經驗，無論這些經驗是否帶來正面情緒。我的意思並不是說，世界上沒有因為帶給我們極大快樂而對我們意義重大的事。但這提醒了我們，即使在這種情況下，人類的快樂仍脫離不了靈肉一體的本質，一旦脫離這個脈絡，思考就會產生漏洞。

「及時行樂」跟「觀照覺察」

如果我們了解快樂的真義和本質，我們就不會再汲汲追求快樂，我們會轉而追求最充實、最令人滿足的生活方式，繼而發現那既不是把握當下，也不是抓住永恆。關鍵在於了解人類的本質，我們既不像其他動物被困在當下，也不像神一樣永恆不朽。雖然我們只能存在現在，不能回到過去，也無法阻止時間流逝，但我們同時也是跨越時間而存在的動物。我們擁有過去的記憶，對未來的計畫，而且是延續幾小時、幾天、幾週、甚至幾年的計畫，還有從萌芽、發展到結束的關係。從某種角度來看，這些都是單一片刻組成的，但實際上又不只是一連串的片刻，而是從片刻中發展的關係組成的整體圖像。其中的差異就好比花一年的時間純粹享樂，一一劃掉死前要做的事情清單，跟投入一個有開始、中程、結束、成果的計畫。兩者都是許多片刻組成的，但前者只是一連串片刻的總和，後者卻遠遠大於所有片刻的總和。

對我們意義重大的事情很多都是如此。一段關係是一天天累積而成的，但又不僅於此。這本書是十幾萬字組成的，但又不只是一堆字的總和（我希望）。

我們要怎麼生活才能充分發揮人類根著於當下，卻又能跨越時間的存在狀態？把握當下的享樂主義似乎行不通，因為它未能將人類心靈足以跨越時間的完整性考慮在內。追求永恆也行不通，因為忽略了肉體把我們困在有限時間裡的事實。我們需要的是靈肉一體、得以平衡人類經驗的倫理準則。建立這樣的倫理遠遠超出了本書的範圍。然而，飲食可以呈現這種倫理實際上可能的面貌，以及我們需要它的原因。

舉例來說，我們應該拒絕享樂主義者高喊的「冰箱裡還有一瓶香檳就不該去死」，這樣會落得貪圖享樂，把人生變成有如分秒必爭的瘋狂追逐賽。但我們也應該回絕禁欲主義者宣揚的「一開始就別在冰箱裡放香檳」，畢竟這樣是完全否定感官享樂在人生中扮演的角色。我們應該傾聽靈肉一體的人類所說的：「冰箱裡還有兩瓶香檳就不該去死。」我們不需要立即滿足每個欲望，淪為生理衝動的奴隸，但也不該過分禁欲，讓隨手可得的快樂從眼前溜走。這種較為平衡的心態，一方面接受了食物在身為動物的我們的生命中扮演的角色，另一方面也不會讓我們淪為原始欲望的奴隸。

這樣的態度承認了享樂在美好生活中占有的一席之地。擁有高等智能不該讓我們將肉體享樂拋在腦後，反而應該讓我們更懂得樂在其中。英國博學家威廉・奇基諾（William Kitchiner）一八三〇年出版的《廚子吐真言》（*The Cook's Oracle*）就捕捉到了這個真理：「那些憤世嫉俗、笨到以為聰明人不該沉浸於一般生活樂趣的奴才，該用法國哲學家的話來回答他們。有個生活放蕩的侯爵問他：『嘿，什麼，你們哲學家也吃美食？』笛卡兒回他：『難道你以為上帝創造好東西只給笨蛋享用？』」[133]

若我們拿「及時行樂」跟「觀照覺察」（mindful appreciation）互相對照，就能了解在靈肉一體的脈絡下體驗快樂是什麼意思。兩者都是要我們把握生命中的每一刻，差就差在對「把握每一刻」的理解方式。享樂主義者主張的是盡可能追求最多、最大的快樂。觀照覺察的重點不在追求任何事物；不需要一味追著快樂跑，而是做每件事都用心以對，留意它帶給我們的收穫。這也表示享樂不是全部的目標，只是目標之一。

因此，對享樂主義者來說，懂得吃就是尋找最好吃的料理，不斷挖掘新的美食並回味吃過的美食。相反的，觀照覺察是無論吃什麼都會去了解自己吃了什麼、食物背後的

133 William Kitchiner, *The Cook's Oracle; and the Housekeeper's Manual* (J. & J. Harper, 1830)。收於www.gutenberg.org/files/28681/28681-h/28681-h.htm

意義、自己何其幸運，還有要付出何種代價才能吃到眼前的食物等等。所以享樂主義鼓勵我們耽溺於享樂，而觀照覺察則鼓勵我們把眼界放寬。這並不表示觀照覺察排除了快樂的可能，剛好相反。正在享用美食時，觀照覺察會讓你深刻意識到食物的美味。差別在於，享樂主義激起的是一種抓住當下快樂的欲望，而觀照覺察激起的則是對快樂的體認，同時也意識到快樂終究會消逝，不可能長久占有。

這東西很棒所以還想吃

另一個切入方式是思考「品味」代表的意義。品味時的心態可以是「我希望這一刻永遠不要結束」，或是更簡單的「我不希望錯過這一刻帶來的體驗」。前者牢牢抓住快樂，徒勞地追著欲望跑，是典型的享樂主義心態。後者則是把欲望昇華成對美好體驗的觀照覺察。

觀照覺察的概念來自佛教。佛家認為從食物中得到快樂有其價值，但不能無限上綱。我到西薩塞克斯的齊塔為迦寺（Cittaviveka Monastery）拜訪小乘佛教僧侶卡努尼可（Ajahn Karuniko）時，他告訴我：「佛陀提倡的是超越極端的中庸之道；一個極端是縱欲，另一個是禁欲。」應用到美食上就表示，「不要害怕美食帶給人的快樂，但也不要過於執著。」就是因為執著或緊握不放才會引發問題。「當東西不在了，你卻還放不開手，就會感到痛苦。所以如果你執著於某種食物，到了沒有那種食物的地方，當然就會更想吃到那種食物。」

美食評論家傑・雷諾的故事就是最好的例子。他很愛瑞士品牌 Kressi 的香草醋。「每次用完，」他寫道，「我都覺得生活少了些什麼。」有一次他在倫敦遍尋不著它，感覺自己「就像在想辦法弄到毒品的毒蟲」，最後他決定飛去日內瓦買個夠再直接飛回倫敦，到了那裡才發現那天是假日，店都沒開。[134] 跟他碰面的時候，我問他會不會覺得這樣有點過頭，他回答：「那種醋真的很棒。說來也許奇怪，但我的櫃子上少了它真的有點空虛。」

雷諾的例子或許很極端，但對喜歡美食的人來，想回味吃過的味道確實會讓人一顆心懸在那裡。邁克・史坦伯格（Michael Steinberger）在《法國飲食末日危機》（*Au Revoir to All That*）中說：「講究吃的人常有重新回味美食的衝動，而且那種衝動經常擋也擋不住。」吃到美食，想再吃一遍很自然，輕易就能吃到的話就還好，如果遠在千里之外或得上貴死人的餐廳就很頭痛。但正如史坦伯格所說，「試圖在餐桌上再造難忘的回憶，往往是治療心碎的良方。」[135]

要避免這種痛苦，我們得練就一身武功。我們要懂得品嚐食物但又不過分執著。做

134 Jay Rayner, *The Man Who Ate the World* (Headline Review, 2008), p. 186.
135 Michael Steinberger, *Au Revoir to All That* (Bloomsbury, 2010), p. 6

得到嗎？卡努尼可很懷疑。「你一旦出現那種想法（這東西真好吃），就是一種執著。」對他來說，「觀照覺察的極致」就是「你知道這很棒、很好吃」，但一但吃完，對此種享樂的覺察也到此為止。我認為這會貶低了食物的價值，有否認俗世價值的危險。佛教雖然跟其他信仰一樣，有許多地方令人欽佩，但終究還是無法欣然接受人類靈肉一體的本質，總是以某種方式貶低人的動物性。

吃到美食想一吃再吃是很正常的事，而且也沒有理由反對人重溫美好的飲食體驗。買到品質特別好的香腸，你當然會想再次購買，不會想買品質較差的香腸。如果你發現法國莫城出產的布里起司是你最愛的起司，你當然會特別留意它的蹤影。只要這種渴望不會過頭就無妨。當這種渴望越來越強也無法滿足時，應該可以辨識得出來。被美食的體驗帶著走跟推著跑，兩者有很大的差距。「下次上館子我會想起那家餐廳」跟「我一定要盡快再去吃一次那家餐廳」不同。前者是記取經驗，後者是陷入難以滿足的欲望迴圈。當生命變成一連串的衝動時，一頓美食只會激發你尋找下一頓美食的欲望，最後就會沒完沒了，永不安寧也永不滿足，因為一次的體驗永遠不夠。要讓美好一餐的記憶變得正面，就不能牢牢抓住這個經驗不放，不然記憶非但不會變成難忘的經驗，反而會變成你無論如何都必須重複的體驗。

如何在美好回憶和放縱欲望之間取得平衡，並沒有簡單有用的方法可循。例如，我就在想該不該建議大家絕對別把假期吃到的美食帶回家吃，因為味道一定不一樣。利口酒和餐後酒尤其如此，其中很多都是因為想品嚐當地佳釀的渴望而讓酒變得更加迷人。當場盡情享用就夠了，那一次的經驗甚至會因為往後無法再有而更加特別。畢竟這才是面對整體生命的正確態度：把它看作永遠遺忘之前的一次短暫而精彩的體驗。不過以此為準則似乎又太過嚴苛了，因為有些東西可以輕易收進行李箱，若是如此，那又何妨？所以這不該是硬邦邦的規則，而是經過判斷之後的一種態度。這種態度就是「現在盡情享受，別擔心下次還有沒有機會享受到」；判斷則是在心中自問：「帶回家我真的會一樣喜歡嗎？還是我只是不願意接受過去就過去了，無法重來？」

這麼看來，帕拉多等人主張的「把握每一天」，背後不必然是及時行樂或享樂至上。相反的，把握每一天反而是要我們別把所有時間和精力，用來追求終將消逝的快樂。關鍵在於覺察，唯有清楚意識到快樂在有限延伸的生命中扮演的角色，我們才能覺察到真正讓自己快樂的事物。例如，跟心愛的人相處的每一天都很珍貴，不只因為它帶來的快樂，也因為它在短暫的一生中對我們的意義。

跟汲汲享樂不同的是，觀照讓我們把焦點放在那些有過瀕死經驗的人說過的生命要素。生命要素就是對我們最重要的事物，例如跟人的關係和人生的計畫。然而，這並不表示餐桌上的享樂就此被排除或被邊緣化。專注於生命要素就表示，切勿輕易相信事業和名利的重要性凌駕一切。我們應該保有一種自覺：無論我們懷抱什麼雄心壯志，一旦從醫生口中聽到噩耗，多大的目標都會被拋到腦後。

有了這樣的體認之後，簡單的一頓飯，尤其是跟親朋好友一起吃飯，就成了人生最重要的事之一。如果我得在永遠不得閱讀、不得寫書，跟永遠不能跟家人朋友用餐之間選一個，我毫無疑問會放棄寫書。坐下來跟另一半吃飯，對我來說是人生最重要的事。餐桌讓我腳踏實地，但並沒有把我變成只會想下一餐在哪裡的動物。人在餐桌上是一種靈肉一體的動物，不只懂得滿足口腹之欲，也懂得感謝、充實內涵、與人分享、美學欣賞，以及客觀的判斷。人是結合了理智和情感的奇妙混合體，是一種會吃、會思考、會享樂的動物，而餐桌就是我們可以同時做這三件事的地方。

蘇打麵包

麵包是世界上最基本也最令人振奮的食物。它是所有食物的基礎，如果做得好，也是最令人滿足的食物。很多人都認為烤麵包太費工。如果你覺得前面介紹過的單粒小麥麵包和斯佩耳特小麥麵包太花時間，那麼我建議你至少可以試試蘇打麵包。本書的最後一篇食譜就要來介紹這種家常麵包。

你只要把麵粉（白麵粉、全麥麵粉或兩種混合）、白脫牛奶（buttermilk）（每兩百五十克麵粉加兩百毫升白脫牛奶）、一小平匙蘇打粉、兩小平匙泡打粉、五克鹽混合均勻。白脫牛奶是製造奶油的副產品，健康低脂但沒什麼味道。如果找不到，可用內含乳酸菌的全脂優格代替。把麵粉揉成麵團，塑型，表面劃一刀，這樣麵團漲大時表皮就會裂開。接著將麵團放進攝氏兩百度的烤箱裡烤，烤到變成褐色，輕敲底部會發出中空的聲音，就表示好了。

白脫牛奶裡的乳酸碰到小蘇打就會產生化學反應，釋放出二氧化碳，讓麵團膨脹起來。因為這種化學反應會立即發生，所以蘇打麵包揉好就要盡快放進烤箱烤。

一切順利的話，就會烤出美味的麵包，趁新鮮吃尤其美味。但有時還是會失敗，麵團沒膨脹。我認為問題可能出在麵團揉過頭、白脫牛奶太冰（直接從冰箱取出）、蘇打粉放太久。不過偶爾失敗至少讓我們知道要保持謙卑。

吃蘇打麵包時，如果你不只覺察到它的質地和口味，還有人類對烘焙技術及背後原理的獨特理解能力，那就是結合人類心靈和肉體的最佳代表。它提醒我們，人類有著跟其他動物一樣的生理需求和欲望，但也有其他動物所沒有的巧思和創意。

結語

眼看這本書就要大功告成，我在想到時候該怎麼慶祝才好。無論出版之後讀者反應如何、銷售是好是壞，至少要在那之前開心一下。不難猜到最後我決定跟另一半到我最喜歡的當地餐廳共進晚餐。因為我「最喜歡」的餐廳經常變來變去，而且不一定就是「最好的」餐廳，我不太確定該不該寫出餐廳的名字，畢竟布里斯托有那麼多餐廳可選。（作者按：所以特別要向 Lido、Casamia、the Kensington Arms、Prego 及其他我沒試過的知名餐廳致上歉意。）但還是有必要寫出名字，因為我越想越覺得，Flinty Red 是用來證明餐桌上的美德就隱藏在最令人滿足的美食體驗背後的最佳實例。

為了確認我不是一廂情願地把我看重的美德，投射在實際上只負責提供美食的餐廳上，我安排了跟主廚麥特．威廉森（Matt Williamson）和餐廳老闆瑞秋．希金斯（Rachel Higgens）的訪談。我只是想問他們對一些詞彙的看法，包括當季、有機、在地、公平貿易、動物福利、科技、傳統、例行公事、分享等等。值得安慰的是，他們的答案每每呼應了我在這本書提出的結論。看來我到 Flinty Red 用餐得到的快樂，不只是因為麥特的高超廚藝，也是因為這家餐廳跟我的理念大致上一致的結果。連菜單的格式都反映了我理想的享樂方式。菜單上不見開胃菜和主菜，但大多數料理都有小盤分量可供選擇。同樣的，酒也是以一杯或一小瓶為單位。貪吃在此沒有容身之地，這就是為什麼這家餐廳的 TripAdvisor 評比沒達到它該有的水準，有一小群人總是抱怨這裡的分量太少。

重點不是到這樣的餐廳用餐讓我看到許多人類特有的美德，而滿足食欲只是其中的副產品。重點是即使在這種情況下，當我的首要目標是有個美好的夜晚時，仍有很多跟享樂無關的事在發生，而這些事是讓這頓飯豐富難忘的要素。

或許最振奮人心的例子是，雖然麥特和瑞秋開餐廳的首要考量是品質和口味這些無關道德的項目，但這些目標往往經由最合乎道德的作法最能達成。受虐待的動物通常肉質不佳；跟供應商建立公平良好的關係最能確保食材品質；最可口的蔬果多半來自善待土地的農人；分量適中的餐點帶來最大的賞味樂趣；在受人敬重的傳統中創新，研發出的料理最成功；以分享喜悅的心態對待客人，餐廳的氣氛最好。雖然做合乎道德的事跟對我們有益且有樂趣的事，兩者之間不可能毫無衝突，但亞里斯多德的概念值得深省：美好生活就是有利自己和善待他人，就算不是每次，但它們通常會自然而然並行地實現。

雖然在現代西方社會裡，追逐美食仍然占了上風，但在知識和哲學領域上，還是偏向節制和禁欲。我們不應該再把心靈跟肉體視為水火不容的兩種生活。這就是為什麼我不是選擇在家裡吃我最喜歡的義大利麵（儘管本書對家常料理大為讚揚），或去便宜又熱鬧的披薩店慶祝。那樣做太過理所當然，也太節制了。畢竟人不是每天都會完成一本著作，吃點跟平常不一樣的料理也不為過。這樣的選擇有別於平常，但也是日常的快樂，在兩者之間取得平衡，就能開心享受平日裡的小小放縱。

即使是放縱也有它的價值。在《芭比的盛宴》中，女主角把意外得到的一筆小財花在一生一次的豪華宴席上，獻給接納她的一群信徒。她一方面欣然接納了轉瞬即逝的世俗享樂，一方面也放棄了世俗的財富，以及財富帶來的身分地位和虛假的安全感。老是捨不得把錢花在轉瞬即逝的事物上，就是拒絕承認生命的有限和短暫。

我們怎麼知道什麼時候該節制，什麼時候該放手？如何判斷自己在給予我們快樂的事物上花太多或花太少心力？借用威爾・塞爾夫（Will Self）的話，我們什麼時候才會「花少一點心注意叉子盡頭的東西，多一點心注意道路盡頭的東西？」[136]這個問題沒有標準答案。我們需要的是實踐的智慧，因此亞里斯多德一直都是指引這本書的哲學明燈。

136 Will Self, *A Point of View*, BBC Radio Four (28 December 2012)，文字檔在www.bbc.co.uk/news/magazine-20836616

他的策略就是在同樣錯誤的兩個極端之間，找到合適的方法。他知道要達到目標，我們必須運用個人判斷和邏輯推理，同時也要有心理準備，我們得到的答案不太可能百分之百精確。他也明白靈魂跟肉體本來就不可分割，靈魂不是無形的、獨立的存在，而是從我們的肉體組成當中產生的、人類獨有的元素。學者侯世達（Douglas R. Hofstadter）說得好：「靈魂大於其零件發出的嗡嗡聲響。」[137]他認為享樂對人類生活很重要，但也只是通往 *eduaimonia* 的要素之一。*eduaimonia* 通常譯成「幸福」，但更適合理解成「富足」，因為它涵蓋的範圍不只是正面的情緒。一個鬱鬱寡歡但達成自己和他人看重的工作的人，他的人生起碼跟一個快樂而正直的人同樣富足。更重要的是，亞里斯多德認為藉由培養反思自省的日常習慣，我們才能成為更好的人、過更好的生活。飲食之所以重要，就是因為它是每天都要做的事。如果短暫生命中的每一天都很重要，我們顯然就該把每一天過好。

有人批評亞里斯多德對人生的具體建議太過簡短，但這正是重點所在。亞里斯多德的洞見就在於，美好人生沒有可以簡化成清單式的簡明手冊。然而，很多人都想要也期待能夠得到這種手冊，尤其碰到飲食的時候。大家想知道什麼該吃、什麼不該吃、魚該要怎麼煮、該到哪裡購物、該抵制什麼產品。但任何清單到頭來都只是一堆僅供參考的守則。一來簡明的守則遇到複雜的現實生活往往會瓦解；二來怎麼過生活比過什麼樣的

137 Douglas R. Hofstadter, 'Prelude … Ant Fugue' in Douglas R. Hofstadter and Daniel C. Dennett (eds), *The Mind's I* (Bantam Books, 1982), p. 191。他其實是用問句來表達：「靈魂大於其零件發出的嗡嗡聲響嗎？」

生活更為重要。因此我們有必要學習正確的生活方式，而生活的態度、習慣、心態和美德都包含在內。

沒有簡單明瞭的規則可以具體說明本書一開始引用的句子：「懂得如何吃，就是懂得如何生活。」這也不是任何人能夠完全掌握的一門學問。變得更博學、更睿智，跟變成哲學博士是兩碼事；後者需要念很多書、拿到學位，才有可能達成。強納生・雷（Jonathan Rée）如此形容齊克果對成為基督徒的理解：那是「一種成為的過程，不是已經固定的存在」。把生活過好，就像身為基督徒一樣，不是「可以安穩不動的狀態」，而是持續成為什麼的過程。[138] 美德就跟自我一樣，是個偽裝成名詞的動詞。[139]

雖然把餐桌上的美德簡化成條列式的重點很像在推銷產品，但我們還是可以從如何吃、如何生活所代表的意義中，找出一以貫之的真理。

懂得如何吃，首先就是要了解人類靈肉一體的本質，飲食跟其他事物一樣，要能同時滿足身心靈才能帶來最大的快樂。當然無法每次都如願，有時就是只能填飽肚子了事，但這應該是例外，而不是常規。若我們能同時照顧到理智、情緒和身體，並認知到自己是活在現在、過去和未來中的有限生命，我們才能以符合人的方式享受食物、享受生命。

懂得如何吃，就是懂得去思考「如何好好生活」的落實方式，同時也意味著，我們

138 Jonathan Rée, 'As If for the First Time: Becoming a Philosopher in Kierkegaard's Work as an Author'，原稿未出版，為作者在倫敦的法蘭西學會舉辦的歐洲哲學論壇的演講。編輯過的簡短版刊於'Becoming a Philosopher', *Philosophy Now*, 32, June/July 2001。

139 有關「自我」是動詞的更多討論，見我的 *The Ego Trick* (Granta, 2011)，特別是第七章。

要具備能夠思考倫理問題的能力。這就需要掌握事實，但掌握了事實並不表示就知道該怎麼做。嚴謹的邏輯思考讓我們懂得辨認謬誤和矛盾，但邏輯本身無法給我們如何生活的標準公式。我們終究還是得接受自我的判斷力，並學習運用它的最佳方法，因為美好生活沒有一定的運算法則。所以我們不該不假思索地接受日常的例行公事，不時加以檢驗、質問才是正確的作法。

懂得如何吃，就是去發現我們的飲食選擇對他人造成的影響，並勇於承擔因此產生的責任。如果我們的生命有一定的價值，別人的生命當然也是，他們跟我們一樣有痛苦和快樂、有未來的計畫和人際的往來。理智使我們做出有利自己的選擇，也讓我們知道別人有同樣的利益考量，而我們的利益沒有理由比他人的利益更重要。或許我們對自己和家人的責任大於對他人的責任，但這不表示我們對陌生人毫無責任。

最後，懂得如何吃既不是成為放縱欲望的享樂主義者，也不是徹底否定人類動物性的禁欲主義者。賦予享樂一定的重要性並沒有錯。人生苦短，人終究會回歸塵土。懂得享受生命賜給我們的短暫快樂，就是欣然接受世界賜給人類的禮物。而身為靈肉一體的動物，我們重視的絕對不只有享樂。所以享樂應該是偶爾為之，而且不是盲目的享樂，這樣才不會犧牲我們所重視的其他事物（如真理、愛、體諒、創意），如此一來，快樂反而會伴隨著這些事物而來。

說起來或許很簡單，但整體看來清楚明瞭的東西，細節往往繁複無比。我只希望本書至少點出了一個重點：要對重要美德達到共識很簡單，但要了解這些美德代表的意義卻很困難。再說，每個人的知識都有限。我當然知道自己還在追求餐桌上的美德，離掌握這些美德也還差得遠。然而，我很確定一點，任何對人類生命的理解，如果忽略了飲食在其中扮演的不可避免的重要角色，勢必會有所缺憾。把食物送入口中這個簡單的動作，其實跟我們生命周遭的複雜網絡密不可分；這個網絡越是豐富，你從食物中獲得滿足也就越大。

致謝

首先我要感謝同意接受我採訪的所有朋友。雖然我在書中很少直接引用受訪者的話，但每次訪談都對我的思考和理解大有幫助；沒有他們，這本書不可能完成。除了正式的訪談，與義大利家族成員 Tobias Jones 和 Kate Lewis 的對話也讓我獲益良多。

非常感謝出版社全體同仁一路相挺，尤其是 Sara Holloway、Bella Lacey、Christine Lo、Brigid Macleod、Anne Meadows、Sharon Murphy、Aidan O'Neill。

我很榮幸有機會先在一些文章中測試本書中的部分概念和內容。

最後，最要感謝 Anotinia，跟她在一起，餐桌上的日常享樂成了我最美好、最豐富的快樂來源。

國家圖書館出版品預行編目資料

吃的美德：餐桌上的哲學思考 / 朱立安・巴吉尼JULIAN BAGGINI 著；謝佩妏 譯 -- 初版. -- 臺北市 ：商周出版：家庭傳媒城邦分公司發行；
2014.09　　面：　公分
譯自：The Virtues of the Table: How to Eat and Think
ISBN 978-986-272-642-6（平裝）
1. 食物　2.飲食風俗
427　　103015593

吃的美德：餐桌上的哲學思考

原 著 書 名 / The Virtues of the Table: How to Eat and Think
作　　　者 / 朱立安・巴吉尼 JULIAN BAGGINI
譯　　　者 / 謝佩妏
責 任 編 輯 / 陳玳妮
版　　　權 / 林心紅

行 銷 業 務 / 李衍逸、黃崇華
總　編　輯 / 楊如玉
總　經　理 / 彭之琬
法 律 顧 問 / 台英國際商務法律事務所　羅明通律師
出　　　版 / 商周出版
城邦文化事業股份有限公司
台北市中山區民生東路二段141號4樓
電話：(02) 2500-7008 傳眞：(02) 2500-7759
E-mail：bwp.service@cite.com.tw
發　　　行 / 英屬蓋曼群島商家庭傳媒股份有限公司城邦分公司
台北市中山區民生東路二段141號2樓
書虫客服服務專線：02-25007718・02-25007719
24小時傳眞服務：02-25001990・02-25001991
服務時間：週一至週五09:30-12:00・13:30-17:00
郵撥帳號：19863813　戶名：書虫股份有限公司
讀者服務信箱 E-mail：service@readingclub.com.tw
歡迎光臨城邦讀書花園　網址：www.cite.com.tw

香港發行所 / 城邦（香港）出版集團有限公司
香港灣仔駱克道193號東超商業中心1樓
Email：hkcite@biznetvigator.com
電話：(852) 25086231　傳眞：(852) 25789337

馬新發行所 / 城邦(馬新)出版集團 Cité (M) Sdn. Bhd.
41, Jalan Radin Anum, Bandar Baru Sri Petaling,
57000 Kuala Lumpur, Malaysia
電話：(603) 90578822　傳眞：(603) 90576622

封 面 設 計 / 許晉維
排　　　版 / 新鑫電腦排版工作室
印　　　刷 / 韋懋實業有限公司
總　經　銷 / 高見文化行銷股份有限公司 電話：(02) 26689005
傳眞：(02) 26689790　客服專線：0800-055-365

■2014年9月30日初版　　Printed in Taiwan
■2015年5月21日初版8刷
定價 380元

　ISBN 978-986-272-642-6

商周出版

廣　告　回
北區郵政管理登記
台北廣字第00079
郵資已付，免貼郵

104台北市民生東路二段141號2樓

英屬蓋曼群島商家庭傳媒股份有限公司　城邦分公司

請沿虛線對摺，謝謝！

商周出版

書號：BK7057	**書名：**吃的美德	**編碼：**

請於此處用膠水黏貼

商周出版

讀者回函卡

感謝您購買我們出版的書籍！請費心填寫此回函卡，我們將不定期寄上城邦集團最新的出版訊息。

不定期好禮相贈！
立即加入：商周出版
Facebook 粉絲團

姓名：＿＿＿＿＿＿＿＿＿＿ 性別：☐男 ☐女

生日：西元＿＿＿＿＿年＿＿＿＿＿月＿＿＿＿＿日

地址：＿＿＿＿＿＿＿＿＿＿

聯絡電話：＿＿＿＿＿＿＿＿ 傳真：＿＿＿＿＿＿＿＿

E-mail ：

學歷：☐ 1. 小學 ☐ 2. 國中 ☐ 3. 高中 ☐ 4. 大學 ☐ 5. 研究所以上

職業：☐ 1. 學生 ☐ 2. 軍公教 ☐ 3. 服務 ☐ 4. 金融 ☐ 5. 製造 ☐ 6. 資訊
☐ 7. 傳播 ☐ 8. 自由業 ☐ 9. 農漁牧 ☐ 10. 家管 ☐ 11. 退休
☐ 12. 其他＿＿＿＿＿＿＿＿

您從何種方式得知本書消息？

☐ 1. 書店 ☐ 2. 網路 ☐ 3. 報紙 ☐ 4. 雜誌 ☐ 5. 廣播 ☐ 6. 電視
☐ 7. 親友推薦 ☐ 8. 其他＿＿＿＿＿＿＿＿

您通常以何種方式購書？

☐ 1. 書店 ☐ 2. 網路 ☐ 3. 傳真訂購 ☐ 4. 郵局劃撥 ☐ 5. 其他＿＿＿＿

您喜歡閱讀那些類別的書籍？

☐ 1. 財經商業 ☐ 2. 自然科學 ☐ 3. 歷史 ☐ 4. 法律 ☐ 5. 文學
☐ 6. 休閒旅遊 ☐ 7. 小說 ☐ 8. 人物傳記 ☐ 9. 生活、勵志 ☐ 10. 其他

對我們的建議：＿＿＿＿＿＿＿＿＿＿

請於此處用膠水黏貼